Einführung in die Deskriptive Statistik

Von Prof. Dr. Jürgen Lehn
Dr. Thomas Müller-Gronbach
Dr. Stefan Rettig

B.G.Teubner Stuttgart · Leipzig 2000

Prof. Dr. rer. nat. Jürgen Lehn

Geboren 1941 in Karlsruhe, Studium der Mathematik an den Universitäten Freiburg und Karlsruhe. Wissenschaftlicher Assistent an den Universitäten Karlsruhe und Regensburg, 1968 Diplom in Karlsruhe, 1972 Promotion in Regensburg, 1978 Habilitation in Karlsruhe. 1978 Professor für Mathematik an der Universität Marburg, seit 1979 an der Technischen Universität Darmstadt.

Dr. rer. nat. Thomas Müller-Gronbach

Geboren 1960 in München. Studium der Mathematik an der Freien Universität Berlin. 1990 Diplom, 1993 Promotion in Berlin. Wissenschaftlicher Mitarbeiter am Fachbereich Mathematik der Freien Universität Berlin und der Technischen Universität Darmstadt. Seit 1996 Wissenschaftlicher Assistent in Berlin.

Dr. rer. nat. Stefan Rettig

Geboren 1959 in Heppenheim/Bergstraße. Studium der Mathematik und Informatik an der Technischen Universität Darmstadt. 1985 Diplom in Darmstadt. 1988 Wissenschaftlicher Mitarbeiter am Zentrum für praktische Mathematik der Technischen Universität Darmstadt und der Universität Kaiserslautern. 1990 Promotion in Darmstadt. 1991 Wissenschaftlicher Assistent in Darmstadt. 1996 Leiter der Abteilung „Data Management and Statistical Operations" eines Internationalen Dienstleistungsunternehmens im Bereich der Arzneimittelentwicklung. Seit 1997 Geschäftführer.

Die Deutsche Bibliothek – CIP-Einheitsaufnahme

Ein Titelsatz für diese Publikation ist bei
Der Deutschen Bibliothek erhältlich

ISBN 978-3-519-02392-0   ISBN 978-3-322-80099-2 (eBook)
DOI 978-3-322-80099-2

© 2000 B.G.Teubner Stuttgart · Leipzig
Reprint of the original edition 2000

Vorwort

Das vorliegende Lehrbuch entstand aus den Arbeitsunterlagen zu Weiterbildungsseminaren für Mitarbeiter von Energieversorgungsunternehmen, die zwei der Autoren im Auftrag des Arbeitsausschusses Statistische Methoden in der Vereinigung deutscher Elektrizitätswerke e.V. durchgeführt haben. Vorgabe für die Seminarleiter war es, in etwa den Lehrstoff zu behandeln, der einer einführenden Vorlesung über Statistische Methodenlehre für Studierende der Wirtschaftswissenschaften entspricht. Die Darstellung geht allerdings auch darüber hinaus, so z.B. bei der Behandlung der Korrelation und der Zeitreihenanalyse.

Mit Rücksicht auf den Teilnehmerkreis der Weiterbildungsseminare wurde an vielen Stellen versucht, die Anwendung statistischer Methoden anhand realitätsnaher Beispiele aus der Praxis zu erläutern. Für Anregungen und Hinweise dazu sind die Autoren den Herren Dipl.-Ing. Wolfgang Beyer (Ludwigshafen) und Dipl.-Volksw. Robert König (Stuttgart) zu Dank verpflichtet. Ohne den Rat dieser im beruflichen Alltag des Energieversorgers erfahrenen Fachleute wäre die nun vorliegende elementare Einführung in die Deskriptive Statistik weniger praxisnah ausgefallen.

Alle drei Autoren waren über viele Jahre hinweg in der Statistikausbildung von Wirtschaftswissenschaftlern, Naturwissenschaftlern und Ingenieuren tätig. Sie haben versucht, einen Text zu verfassen, der von allen, die im Studium oder in der beruflichen Praxis mit statistischen Methoden zu tun haben, als einführendes Lehrbuch verwendet werden kann.

Der Dank der Autoren gilt auch Frau Dipl.-Math. Susanne Koch, die eine erste Version des Manuskripts geschrieben hat, sowie Herrn Dr. Peter Spuhler vom Teubner-Verlag für die angenehme Zusammenarbeit bei der Fertigstellung des Lehrbuchs.

Darmstadt und Berlin im März 2000

Jürgen Lehn
Thomas Müller-Gronbach
Stefan Rettig

Inhalt

1	**Aufbereitung und Darstellung statistischer Daten**	**7**
1.1	Grundbegriffe	7
1.2	Häufigkeitsverteilungen und Histogramme	10
1.3	Verteilung eines quantitativ-stetigen Merkmals	18
1.4	Kreissektorendiagramme	22
1.5	Methoden der Datengewinnung	24
2	**Lage- und Streuungsparameter**	**27**
2.1	Mittelwerte	27
2.2	Streuungsmaße	39
2.3	Quantile	45
3	**Konzentrationsmaße**	**50**
3.1	Die Lorenzkurve	51
3.2	Der Gini-Koeffizient	58
3.3	Weitere Konzentrationsmaße	63
4	**Verhältniszahlen und Indizes**	**65**
4.1	Verhältniszahlen	65
4.2	Indizes	71
5	**Korrelationsrechnung**	**82**
5.1	Pearsonscher Korrelationskoeffizient	82
5.2	Rangkorrelationskoeffizienten	92
6	**Regression**	**99**
6.1	Lineare Regression	99

6.2   Nichtlineare Regression   107

7   Zeitreihen   118

7.1   Zerlegung von Zeitreihen   119

7.2   Gleitende Durchschnitte   123

7.3   Saisonbereinigung   126

Literaturverzeichnis   134

Sachverzeichnis   135

1 Aufbereitung und Darstellung statistischer Daten

Die bei einer statistischen Erhebung anfallenden Rohdaten müssen in der Regel zunächst so aufbereitet werden, dass die gewünschte Information schnell und deutlich sichtbar wird. Es geht also darum, das Datenmaterial zu verdichten und durch wenige Kennzahlen (wie Durchschnittswerte und Streuungen) sowie graphische Darstellungen und Tabellen aufzuschlüsseln. In dieser Weise ist es dann auch möglich, das vorliegende Material mit früher oder andernorts erhobenen Daten zu vergleichen.

1.1 Grundbegriffe

Wir beginnen mit der Einordnung einer *statistischen Erhebung* nach Umfang und Art des gewonnenen Datenmaterials.

Beispiel 1.1. (Energieverbrauch in Haushalten)
Bei einer Fragebogenaktion über die Gewohnheiten beim Verbrauch von elektrischer Energie in Haushalten wurden die folgenden Daten ermittelt.

- Anzahl der Personen im Haushalt,
- Wohnungstyp (freistehendes Einfamilienhaus, Zweifamilienhaus, Reihenhaus, kleines Mehrfamilienhaus mit bis zu 4 Wohnungen, großes Mehrfamilienhaus),
- Gesamteinkommen der Haushaltsmitglieder,
- Anzahl der vorhandenen Elektrogeräte,
- Alter des Gebäudes, in dem sich die Wohnung befindet,
- Einstellung der Haushaltsmitglieder zur Energieeinsparung (mehrheitlich sehr interessiert – interessiert – gleichgültig),
- Jahresstromverbrauch im Jahr vor der Fragebogenaktion,
- Einstellung der Haushaltsmitglieder zum technischen Fortschritt (mehrheitlich sehr positiv – positiv – indifferent – kritisch – negativ).

Die Befragung wurde in einer Kleinstadt im Versorgungsgebiet eines großen Elektrizitätswerkes durchgeführt. Unter der Annahme, dass bei dieser Befragung die Verbrauchsgewohnheiten aller belieferten Haushalte von Interesse waren, bildet die Gesamtheit dieser Haushalte die sogenannte *Grundgesamtheit* der statistischen Untersuchung. Es wurde also eine *Teilerhebung* durchgeführt. Wären alle Haushalte im Versorgungsgebiet befragt worden, hätte es sich um eine *Totalerhebung* gehandelt. Hätte man sich lediglich für die Verbrauchsgewohnheiten innerhalb der Kleinstadt interessiert, so wäre die Gesamtheit der Haushalte dieser Kleinstadt als Grundgesamtheit zu betrachten gewesen und es hätte sich um eine Totalerhebung gehandelt.

Die einzelnen Haushalte in dem obigen Beispiel bezeichnet man als *Merkmalsträger*; die Eigenschaften oder Sachverhalte, die erfragt werden, heißen *Merkmale*, und die Ergebnisse, die sich bei der Befragung einstellen können, nennt man *Merkmalsausprägungen*.
Man unterscheidet folgende Merkmalstypen:

- Qualitative Merkmale
  wie Wohnungstyp,
- Rangmerkmale
  wie Einstellung der Haushaltsmitglieder zur Energieeinsparung und zum technischen Fortschritt,
- Quantitativ–diskrete Merkmale
  wie Anzahl der Personen, Anzahl der Elektrogeräte und Alter des Gebäudes,
- Quantitativ–stetige Merkmale
  wie Gesamteinkommen und Jahresstromverbrauch.

Qualitative Merkmale können auch durch Zahlen beschrieben werden. So läßt sich das Merkmal "Wohnungstyp" z. B. in folgender Weise verschlüsseln:

1	Einfamilienhaus
2	Zweifamilienhaus
3	Reihenhaus
4	Kleines Mehrfamilienhaus
5	Großes Mehrfamilienhaus

Dadurch wird dieses Merkmal natürlich nicht zu einem quantitativen Merkmal. Während bei quantitativen Merkmalen, wie etwa dem Jahresstromverbrauch, der Durchschnittswert von Interesse sein kann, hat es keinen Sinn, bei zwei Wohnungstypen, die gemäß obiger Quantifizierung den Typ 2 (Zweifamilienhaus) und 4 (kleines Mehrfamilienhaus) besitzen, vom mittleren Wohnungstyp 3 (Reihenhaus) zu sprechen.

Rangmerkmale sind qualitative Merkmale, die einen Vergleich zwischen den einzelnen Merkmalsausprägungen im Sinne einer Reihenfolge gestatten. Bei einer zahlenmäßigen Verschlüsselung der Merkmalsausprägungen wird man also darauf achten, dass sich diese Reihenfolge oder Rangordnung in der Größer- bzw. Kleinerrelation der zugeordneten Zahlen ausdrückt. Das Merkmal "Einstellung zur Energieeinsparung" könnte wie folgt verschlüsselt werden:

1	gleichgültig
2	interessiert
3	sehr interessiert

Aufgrund dieser Quantifizierung hat es jedoch keinen Sinn zu sagen, dass Haushaltsmitglieder von Haushalten mit der Einstellung 2 (interessiert) ein doppelt so großes Interesse besitzen, wie die Mitglieder eines Haushalts mit der Einstellung 1 (gleichgültig). Sinnvoll wäre aber die Feststellung, dass mehr als die Hälfte der Haushalte mindestens interessiert sind. Typische Rangmerkmale treten auch bei der Notengebung in der Schule und bei der Intelligenzmessung in der Psychologie auf.

Quantitativ-diskrete Merkmale sind solche, bei denen die Merkmalsausprägungen nur bestimmte auf der Zahlengeraden getrennt liegende Zahlenwerte (z. B. nur ganze Zahlen) sein können, während *quantitativ-stetige Merkmale* dadurch gekennzeichnet sind, dass (zumindest prinzipiell) jeder Wert eines Intervalls als Ausprägung möglich ist. Quantitativ-diskrete Merkmale treten in der Regel beim Zählen, quantitativ-stetige beim Messen auf.

Für die deskriptive Statistik ist es (im Gegensatz zur induktiven Statistik) unerheblich, ob das zu bearbeitende Datenmaterial aus einer Totalerhebung oder einer Teilerhebung stammt. Die bei einer Untersuchung erfassten Merkmalsträger, d. h. jene, für die Daten ermittelt wurden, bilden in jedem Fall die *statistische Masse*.

Bei den statistischen Massen unterscheidet man wiederum zwischen *Bestandsmassen* und *Bewegungsmassen*, je nachdem, ob bei ihrer Erfassung Bezug genommen wird auf Stichtage oder Zeiträume. Bestandsmassen sind Massen, bei denen die Merkmalsträger eine gewisse zeitliche Konstanz besitzen, so dass in der Regel eine größere Anzahl von ihnen gleichzeitig vorhanden ist. Dagegen sind Bewegungsmassen solche, bei denen die einzelnen Merkmalsträger mit einem bestimmten Zeitpunkt verbunden sind.

Beispiel 1.2. (Statistische Massen)
Zu den Bestandsmassen eines Energieversorgungsunternehmens zählen

- Kunden,
- Mitarbeiter,
- Eingebaute Zähler,
- Sonderkundenverträge.

Jede dieser Bestandsmassen ist mit zwei Bewegungsmassen verbunden; der jeweiligen Zugangs- und Abgangsmasse.

- Kundenzugänge / Kundenabgänge,
- Einstellungen / Entlassungen,
- Installationen / Deinstallationen,
- Anmeldungen / Abmeldungen.

Bei der statistischen Erfassung einer Bestandsmasse wird ein bestimmter Stichtag festgelegt. Zur Bestandsmasse gehören dann alle Merkmalsträger, die an diesem Stichtag vorhanden sind. Bei der Erfassung einer Bewegungsmasse muß dagegen ein Zeitraum abgegrenzt werden. Erfaßt werden dann alle Merkmalsträger, bei denen der jeweils zugeordnete Zeitpunkt in den vorgegebenen Zeitraum fällt.

Zur graphischen Illustration des Zusammenhangs zwischen Bestands- und Bewegungsmassen wird oft die sogenannte *Beckersche Darstellung* verwendet. Dazu wird jedem Merkmalsträger der Bestandsmasse eine horizontale *Verweillinie* zugeordnet, die mit dem Zeitpunkt des Zugangs beginnt und mit dem Zeitpunkt des Abgangs endet. Der Bestand zu einem festen Zeitpunkt ergibt sich dann als Summe der zu diesem Zeitpunkt vorhandenen Verweillinien. Für eine detaillierte Darstellung dieses Verfahrens und damit verbundener Fragestellungen des *Durchschnittsbestandes* und der *mittleren Verweildauer* sei auf [6] verwiesen.

1.2 Häufigkeitsverteilungen und Histogramme

Ein quantitatives oder zahlenmäßig verschlüsseltes Rangmerkmal bzw. qualitatives Merkmal sei an n Merkmalsträgern ermittelt worden. Die festgestellten Merkmalsausprägungen

$$x_1, \ldots, x_n$$

sind Zahlen. Sie bilden die sogenannte *Urliste* der statistischen Erhebung. Man spricht bei diesen n Zahlen auch von einer *Stichprobe* oder *Messreihe vom Umfang n*. Diese Urliste enthält zwar die gesamte Information für den Statistiker; wesentliche Erkenntnisse sind jedoch bereits bei relativ kleinen Stichprobenumfängen n oftmals nur durch eine geeignete Weiterverarbeitung der Messreihe zu gewinnen. Kommen unter den n Zahlen der ursprünglichen Stichprobe genau k verschiedene Werte

$$y_1, \ldots, y_k, \qquad k \leq n,$$

vor, so werden zunächst die *absoluten Häufigkeiten*

$$H_1, \ldots, H_k,$$

mit denen diese in der Messreihe auftreten, ermittelt und dann die entsprechenden *relativen Häufigkeiten*

$$h_i = \frac{H_i}{n} = \frac{\text{absolute Häufigkeit}}{\text{Stichprobenumfang}}, \qquad i = 1, \ldots, k,$$

berechnet. Die y-Werte mit ihren absoluten und relativen Häufigkeiten werden schließlich in einer sogenannten *Häufigkeitstabelle* dargestellt.

Beispiel 1.3. (Anzahl von Elektrogeräten)
In $n = 40$ Haushalten eines Neubaugebietes wurde die Anzahl der vorhandenen Elektrogeräte ermittelt. Es ergab sich die folgende Urliste:

$$12, 18, 6, 10, 9, 5, 8, 11, 14, 11, 12, 15, 8, 17, 12, 6,$$

$$7, 12, 13, 9, 11, 20, 7, 14, 13, 12, 13, 19, 15, 8, 15, 12,$$

$$11, 14, 14, 9, 7, 15, 6, 11.$$

Hier treten $k = 16$ verschiedene Werte auf und wir erhalten die folgende Häufigkeitstabelle.

Anzahl y_i	Abs. Häufigkeit H_i	Rel. Häufigkeit h_i
5	1	0.025
6	3	0.075
7	3	0.075
8	3	0.075
9	3	0.075
10	1	0.025
11	5	0.125
12	6	0.150
13	3	0.075
14	4	0.100
15	4	0.100
16	0	0.000
17	1	0.025
18	1	0.025
19	1	0.025
20	1	0.025

Diese Häufigkeitstabelle beschreibt die sogenannte *Häufigkeitsverteilung* des quantitativ-diskreten Merkmals "Anzahl der Elektrogeräte im Haushalt". Graphisch lässt sich diese Verteilung durch ein *Stabdiagramm* darstellen:

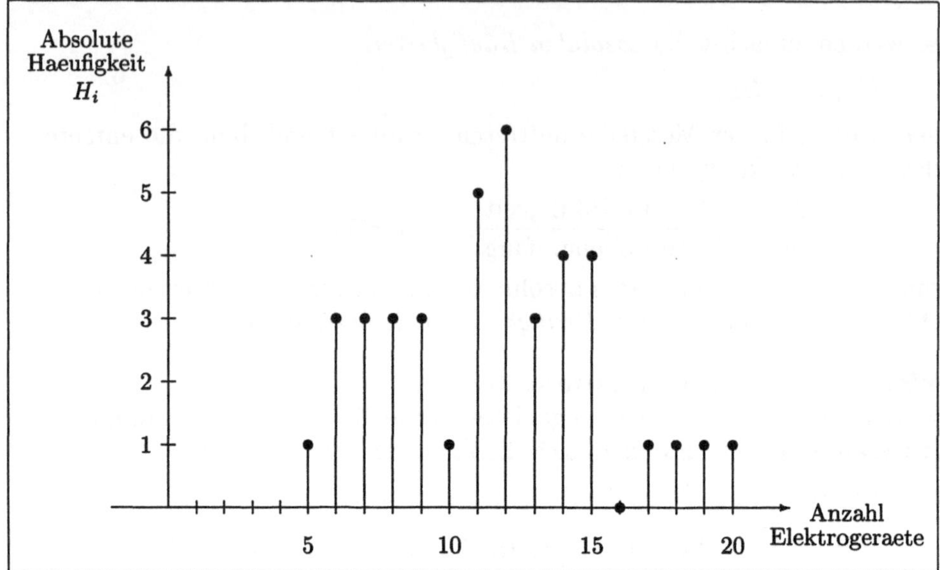

Fig. 1.1 Stabdiagramm für die Anzahl von Elektrogeräten

Stabdiagramme sind für quantitativ–diskrete Merkmale mit nur wenigen Merkmalsausprägungen geeignet. Bei der graphischen Darstellung von quantitativstetigen Merkmalen verwendet man hingegen sogenannte *Histogramme*. Hier treten nämlich häufig Messreihen auf, die sehr viele verschiedene Merkmalsausprägungen enthalten, wobei diese Werte meistens nur ein einziges Mal vorkommen. Während Stabdiagramme in erster Linie dann benutzt werden, wenn die Merkmalsausprägungen durch Zählen ermittelt werden, eignen sich die Histogramme insbesondere für die Darstellung von Daten, die z. B. durch Messungen entstanden sind. Hat man es also mit einer Messreihe zu tun, in der praktisch alle Werte verschieden sind, so dass es wenig Sinn macht, ein Stabdiagramm zu erstellen (die Stäbe hätten ja fast alle die gleiche Höhe!), so kann man die Messwerte zunächst in *Größenklassen* einteilen und dann die Prozentzahlen ermitteln, die angeben, wie die Messwerte auf die einzelnen Klassen verteilt sind. Ein Histogramm ist die graphische Darstellung dieses Zusammenhangs.

Beispiel 1.4. (Haushaltsstromverbrauch)
Der Jahresstromverbrauch in KWh von Haushalten einer deutschen Großstadt (ohne Großverbraucher mit mehr als 7000 KWh) ist durch folgende Tabelle beschrieben.

Verbrauchsklasse	Verbrauch	Anzahl	Anteil
1	0 – 1000	25511	0.191
2	1000 – 2000	56420	0.422
3	2000 – 3000	39102	0.293
4	3000 – 4000	10793	0.081
5	4000 – 5000	1389	0.010
6	5000 – 6000	301	0.002
7	6000 – 7000	67	0.001

Dabei sind die in der zweiten Spalte eingetragenen Klassen als "von ... bis
unter ..." zu lesen. Als zugehöriges Histogramm erhält man:

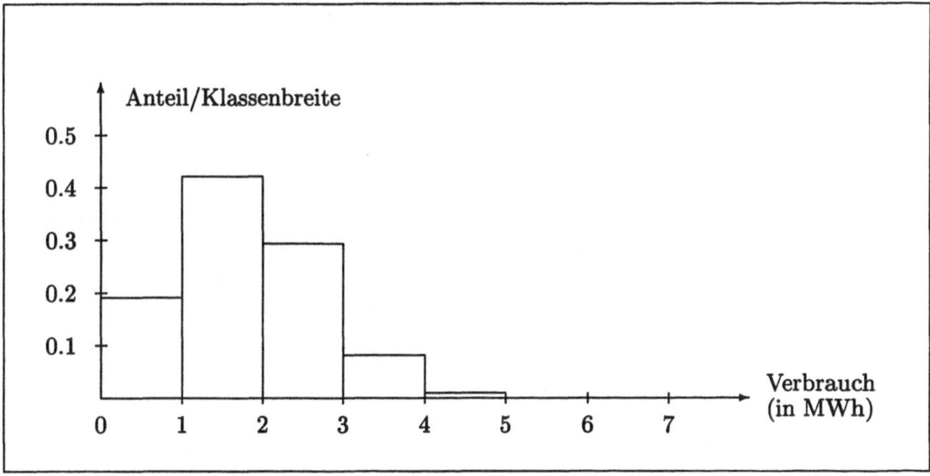

Fig. 1.2 Histogramm für Haushaltsstromverbrauch nach Verbrauchsklassen

Im Histogramm werden über den einzelnen Klassen Rechtecke eingezeichnet,
deren waagerechte Seiten durch die *Klassenbreiten* bestimmt sind, während
die Höhen dem Quotienten aus Anteil und Klassenbreite entsprechen. Dadurch wird erreicht, dass die Flächeninhalte der einzelnen Rechtecke gerade
die Anteile der einzelnen Klassen sind und sich zu einem Gesamtflächeninhalt
1 addieren. Die Höhen der Rechtecke sind im obigen Beispiel mit den relativen
Anteilen identisch, da bei der Histogrammerstellung der Verbrauch in MWh
angegeben wird, so dass sich die einheitliche Klassenbreite 1 ergibt. Das muß
nicht immer so sein, wenn andere Klassenbreiten gewählt werden. Insbesondere bei unterschiedlichen Klassenbreiten muß "Anteil/Klassenbreite" nach oben
abgetragen werden, damit die Anschaulichkeit des Histogramms gewährleistet
ist. Nicht die Höhen der Rechtecke stehen für die Klassenanteile, sondern deren
Flächeninhalte !

Beispiel 1.5. (Ausgaben für Unterhaltungselektronik)
20 Studenten der TU Darmstadt wurden nach ihren Gesamtausgaben für Unterhaltungselektronik befragt. Dabei ergaben sich die folgenden Werte (in DM).

$$1000, 580, 520, 350, 620, 800, 120, 600, 550, 420,$$

$$470, 200, 560, 480, 1000, 600, 1150, 800, 250, 650.$$

Für das Histogramm werden die Klassengrenzen 0, 300, 500, 700 und 1200 gewählt.

Klasse	Absolute Klassenhäufigkeit	Relative Klassenhäufigkeit
0 – 300	3	0.15
300 – 500	4	0.20
500 – 700	6	0.40
700 – 1200	5	0.25

Als relative Klassenanteile erhält man 0.15, 0.20, 0.40 und 0.25. Die Höhen der zugehörigen Rechtecke ergeben sich also zu 0.0005, 0.0010, 0.0020 und 0.0005.

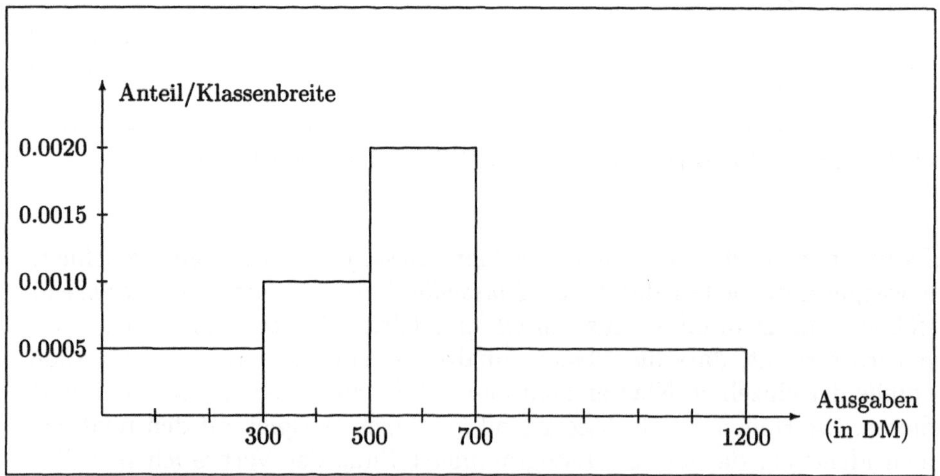

Fig. 1.3 Histogramm zu Ausgaben für Unterhaltungselektronik

Hätte man nach oben die relativen Klassenanteile abgetragen, so wäre das folgende Bild entstanden, aus dem man auf eine viel höhere Besetzung der untersten und obersten Klasse geschlossen hätte.

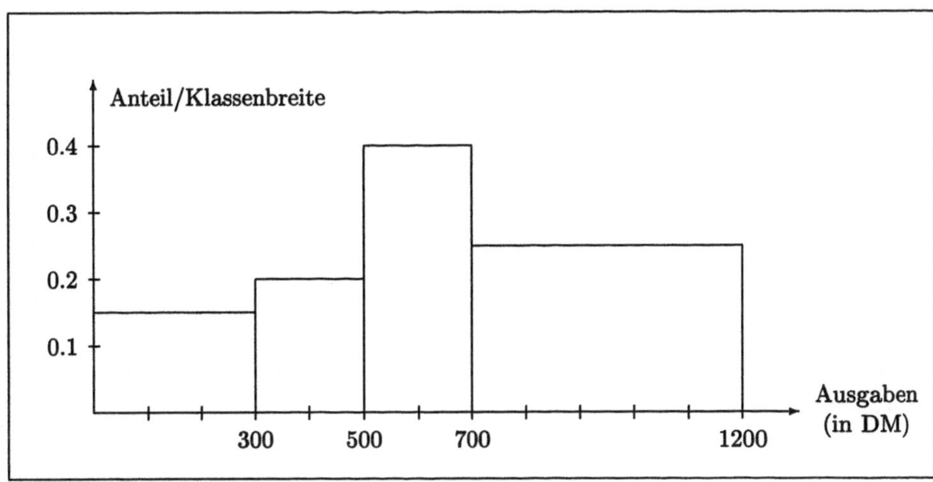

Fig. 1.4 Relative Klassenanteile

Wird die *Klasseneinteilung* für ein Histogramm zu fein oder zu grob gewählt,
so leidet oft seine Anschaulichkeit. Man kann bei der Festlegung der einzelnen
Klassen der Empfehlung folgen, die Klassenbildung so vorzunehmen, dass die
resultierende Anzahl besetzter Klassen die Obergrenze $\sqrt{n}$ (n = Anzahl der
Mess- oder Beobachtungswerte) nicht überschreitet.

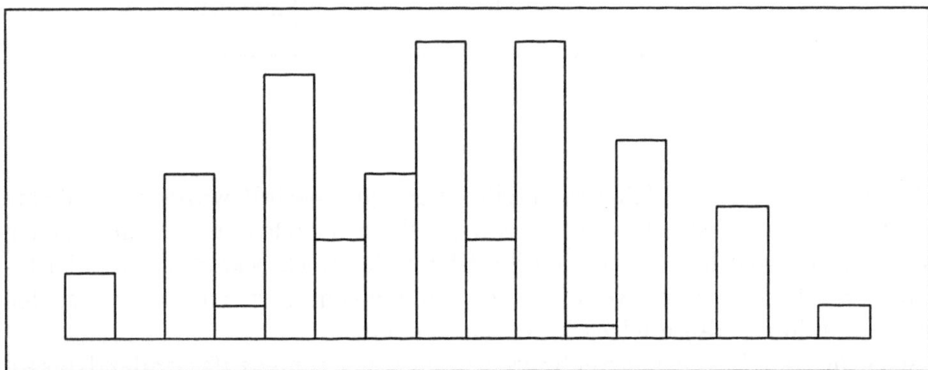

Fig. 1.5 Klasseneinteilung zu fein

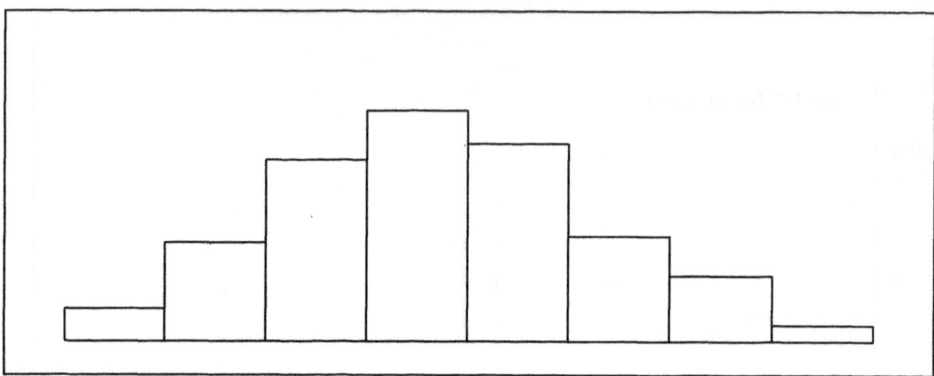

Fig. 1.6 Klasseneinteilung angemessen

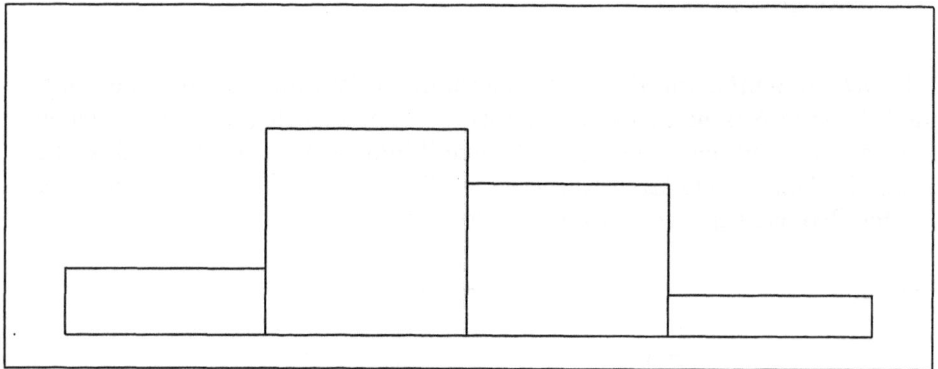

Fig. 1.7 Klasseneinteilung zu grob

Stellt man fest, dass die Klasseneinteilung zu fein gewählt wurde und möchte man daher durch Zusammenfassen von jeweils zwei Klassen zu einem neuen Histogramm übergehen, so können die Höhen der Rechtecke des neuen Histogramms direkt berechnet werden, auch dann wenn es sich nicht wie in den Skizzen um äquidistante Klassengrenzen handelt.

Es seien b_1 und b_2 die Klassenbreiten zweier zusammenzufassender Klassen sowie h_1 und h_2 die Höhen der zugehörigen Rechtecke. Die Höhe h^* des Rechtecks über der neuen Klasse mit der Klassenbreite $b_1 + b_2$ erhält man aus der Formel

$$h^* = \frac{h_1 \cdot b_1 + h_2 \cdot b_2}{b_1 + b_2}.$$

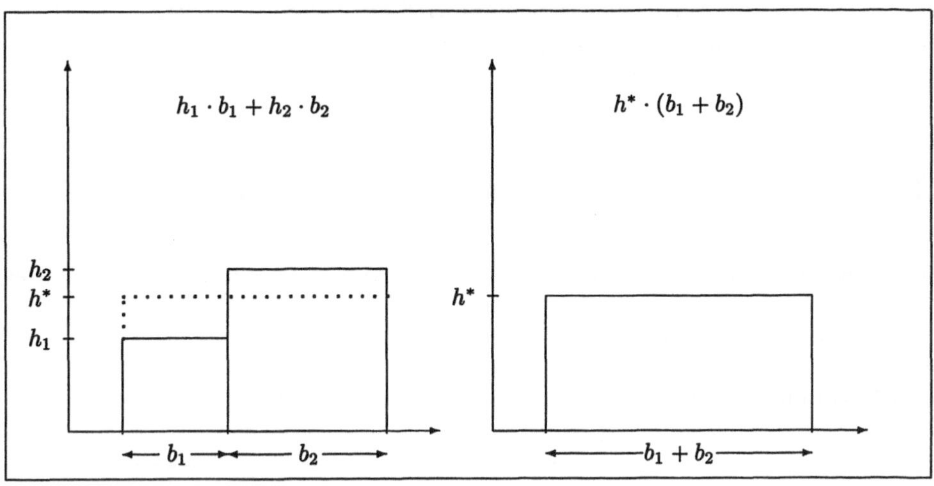

Fig. 1.8 Zusammenfassen von Klassen

Die obige Formel für h^* ergibt sich daraus, dass der Flächeninhalt des neu
zu bildenden Rechtecks gleich der Summe der Flächeninhalte der beiden zugehörigen Rechtecke im vorliegenden Histogramm sein muß,

$$h^* \cdot (b_1 + b_2) = h_1 \cdot b_1 + h_2 \cdot b_2 \,.$$

Dividiert man beide Seiten dieser Gleichung durch $b_1 + b_2$, so erhält man das
obige Ergebnis für h^*.

Oftmals liegen die Daten nicht in Form einer Messreihe (Urliste), sondern
als bereits klassierte Daten vor, d. h. es sind nur die einzelnen Klassen und
deren Besetzungszahlen bekannt. Die Erstellung eines Histogramms aus diesen
Angaben ist nur dann möglich, wenn die Klasseneinteilung keine sogenannte
offene Randklasse enthält, wie im folgenden Beispiel.

Beispiel 1.6. (Offene Randklasse)
Die bereits im Beispiel 1.4. betrachteten Haushaltsstromverbrauchsdaten enthalten nun zusätzlich die offene Verbrauchsklasse " Mehr als 7000 KWh " .

Verbrauchsklasse	Verbrauch	Anzahl
8	> 7000	70

Als offene Randklasse bezeichnet man die unterste Klasse, falls kein Wert angegeben ist, mit dem diese Klasse beginnt, bzw. die oberste Klasse, falls der Wert
unbekannt ist, bei dem diese Klasse endet. Es sollte darauf geachtet werden,

dass bei Daten, die nicht in Form einer Urliste, sondern in klassierter Form weitergegeben werden, die zugrundeliegende Klasseneinteilung keine offenen Klassen enthält.

1.3   Verteilung eines quantitativ-stetigen Merkmals

Bei der Betrachtung eines quantitativ–stetigen Merkmals entsteht eine Messreihe

$$x_1 , \ldots , x_n ,$$

die in Form eines Histogramms dargestellt werden kann.

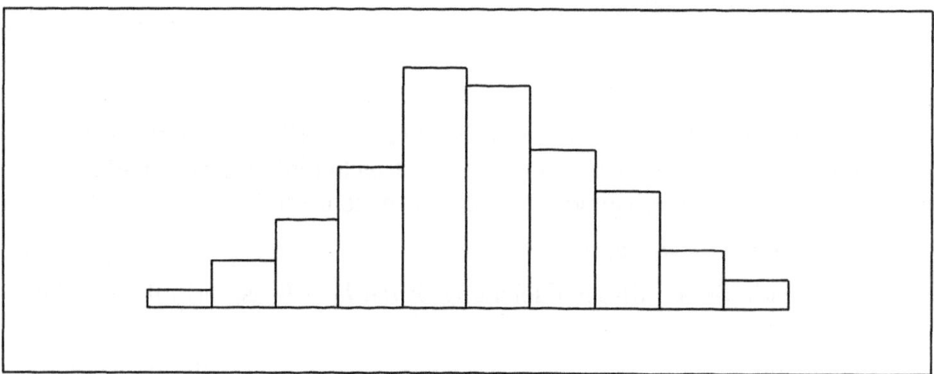

Fig. 1.9 Histogramm 1 zur ersten Messreihe

Werden danach nochmals n' Beobachtungen durchgeführt und wiederum die Ausprägungen des gleichen Merkmals ermittelt, ergibt sich eine weitere Messreihe

$$x'_1 , \ldots , x'_{n'} .$$

Auch daraus läßt sich ein Histogramm erstellen und aus einer dritten ebenfalls so gewonnenen Messreihe kann ein drittes Histogramm erzeugt werden.

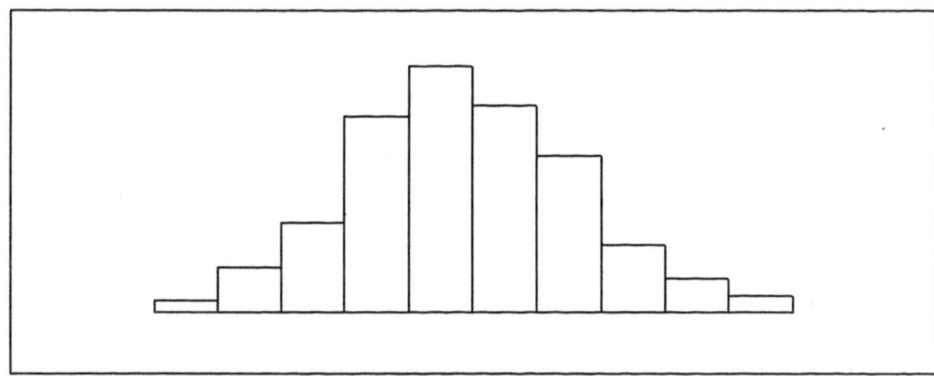

Fig. 1.10 Histogramm 2 zur zweiten Messreihe

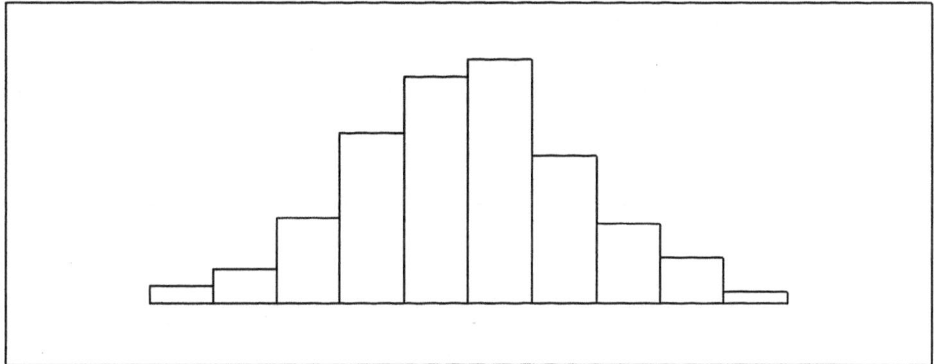

Fig. 1.11 Histogramm 3 zur dritten Messreihe

Es ist klar, dass die drei Histogramme i. a. nicht völlig übereinstimmen werden, aber doch gewisse Ähnlichkeiten aufweisen müssen, da sie ja alle drei durch die Beobachtung des gleichen Merkmals gewonnen wurden. Alle drei Histogramme geben also Aufschluß darüber, wie die Ausprägungen des Merkmals über der Zahlengeraden verteilt sind. Man kann daher eine Kurve zeichnen, die so verläuft, dass das Typische an der Form der Histogramme erfaßt wird.

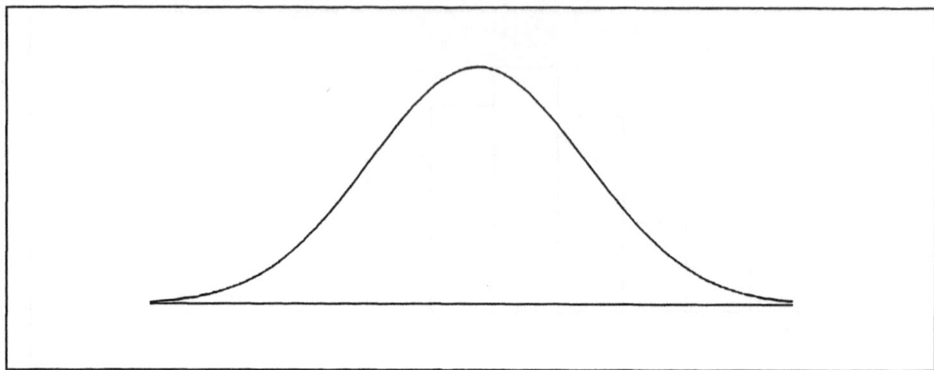

Fig. 1.12 Beschreibende Kurve

Die angegebene Kurve beschreibt den Sachverhalt, dass im mittleren Bereich viel stärker mit Messwerten zu rechnen ist als in den Randbereichen. Der Inhalt F der Fläche zwischen der Zahlengeraden und der Kurve über einem herausgegriffenen Intervall $[a, b]$ ist wie beim Histogramm ein Maß dafür, mit welcher Häufigkeit Messwerte in diesem Intervall auftreten.

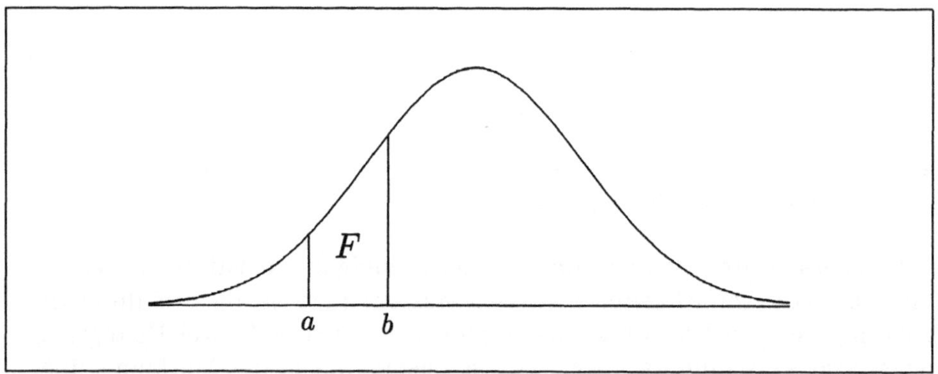

Fig. 1.13 Flächeninhalt als Maß für Häufigkeit

Während Histogramme zu einzelnen Messreihen gehören, charakterisiert eine solche Kurve das quantitativ–stetige Merkmal selbst. Man spricht von der *Verteilung* des Merkmals und bezeichnet die beschreibende Funktion als *Dichte* der Verteilung. Diese Bezeichnung wird gerechtfertigt durch den Zusammenhang, der darin besteht, dass die Werte einer Messreihe in der Regel dort besonders dicht liegen, wo die Dichte besonders große Werte annimmt. Histogramme können daher als Approximation der Dichte angesehen werden.

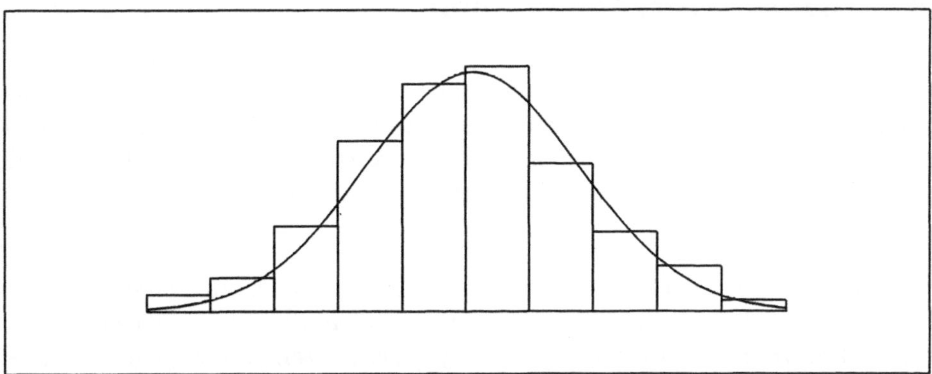

Fig. 1.14 Histogramm als Approximation der Dichte

Eine in der Praxis häufig auftretende Dichte ist die Dichte der sogenannten *Normalverteilung*. Sie hat die Form einer "Glockenkurve", wobei die Lage des Maximums durch einen Parameter μ und die Breite der Kurve durch einen positiven Parameter σ charakterisiert wird. Die Gleichung der Kurve bezüglich eines x–y–Koordinatensystems ist durch die mathematische Formel

$$y = \frac{1}{\sigma\sqrt{2\pi}} \cdot e^{-\dfrac{(x-\mu)^2}{2\sigma^2}}$$

gegeben (siehe 10–DM–Schein).

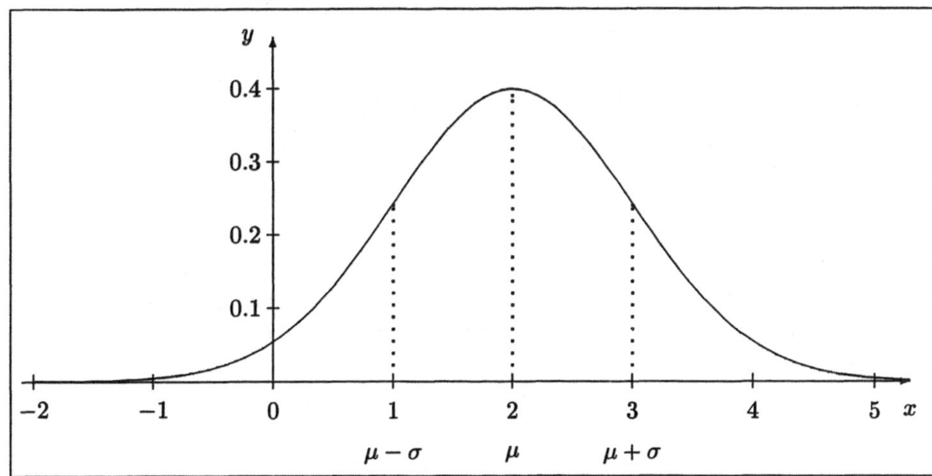

Fig. 1.15 Dichte der Normalverteilung mit $\mu = 2$ und $\sigma = 1$

1.4   Kreissektorendiagramme

Das *Kreissektorendiagramm* wird verwendet, wenn Gesamtmassen in Teilmassen zerlegt werden und die prozentualen Anteile visualisiert werden sollen. In der Praxis werden die einzelnen Sektoren oft verschieden eingefärbt. Für die Anfertigung eines Kreissektorendiagramms ist die Regel

$$\text{Winkel (in °)} = 3.6 \cdot \text{Prozentzahl}$$

zu befolgen. Das Kreissektorendiagramm eignet sich auch zur Darstellung von Häufigkeitsverteilungen bei qualitativen Merkmalen. Sind die relativen Häufigkeiten der einzelnen Merkmalsausprägungen als Prozentzahlen gegeben, so ist wieder die obige Regel zu beachten.

Beispiel 1.7. (Prozentuale Anteile)
Die folgende Tabelle zeigt die Anteile von Energieträgern an der Brutto–Engpassleistung eines Energieversorgungsunternehmens.

Energieträger	Leistung (in MW)	Anteil (in %)
Laufwasser	2484	2.8
Speicher- und Pumpwasser	3832	4.4
Kernenergie	22476	25.5
Braunkohle	11551	13.1
Steinkohle	16197	18.4
Steinkohle mit Heizöl oder Gas	10223	11.6
Heizöl	8649	9.8
Erdgas	12127	13.8
Sonstige (Wind, Solarenergie, usw.)	531	0.6

Man erhält das nachstehende Kreissektorendiagramm.

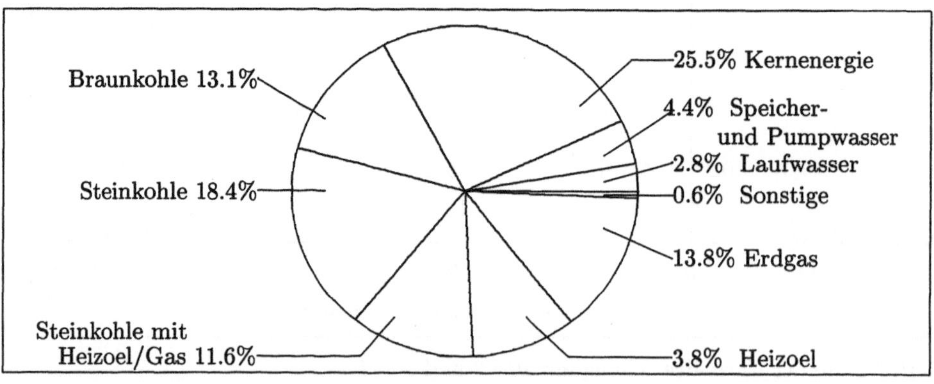

Fig. 1.16 Kreissektorendiagramm für Energieträgeranteile

Man beachte, dass hier das Merkmal die Art des Energieträgers ist, also ein qualitatives Merkmal betrachtet wird, und nicht das quantitative Merkmal der Leistung.

Beispiel 1.8. (Verteilung eines qualitativen Merkmals)
Die Befragung von 40 Studenten der TU Darmstadt nach dem für den Weg zur Universität benutzten Verkehrsmittel ergab mit dem Code

1	Öffentliches Verkehrsmittel
2	PKW
3	Motorrad/Moped
4	Fahrrad
5	Zu Fuß

die folgende Beobachtungsreihe:

$$3, 1, 2, 1, 2, 1, 1, 4, 4, 2, 4, 3, 5, 4, 4, 5, 2, 4, 1, 1,$$
$$1, 2, 1, 1, 5, 2, 4, 4, 4, 4, 5, 2, 4, 5, 2, 4, 2, 3, 5, 5.$$

Daraus ergibt sich die Häufigkeitstabelle

Verkehrsmittel	Häufigkeit	Rel. Häufigkeit (in %)	Winkel (in °)
1	9	22.5	81
2	9	22.5	81
3	3	7.5	27
4	12	30.0	108
5	7	17.5	63

und das Kreissektorendiagramm

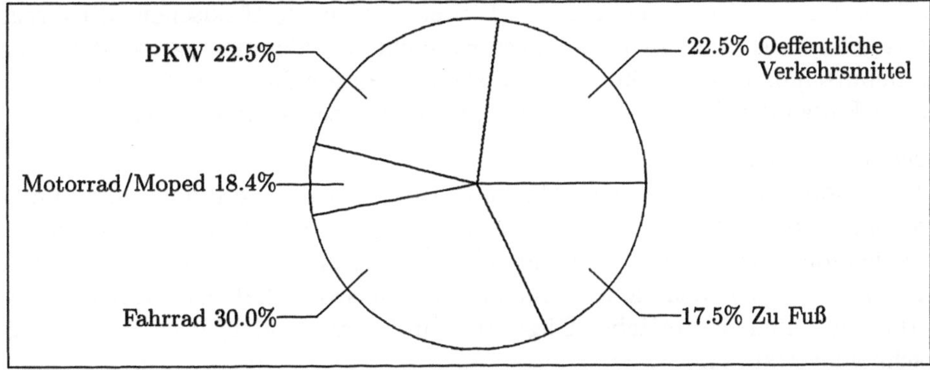

Fig. 1.17 Kreissektorendiagramm für Verkehrsmittelanteile

1.5   Methoden der Datengewinnung

Statistische Daten können auf vielerlei Weise gewonnen werden:

- Befragungen (Interview, Fragebogen)
- Beobachtungen (Verkehrszählung, Ablesen von Zählern)
- Experimente (Messungen im Labor)

Dabei spricht man von einer *Primärerhebung*, wenn das Untersuchungsziel fest-
liegt und die Daten gezielt erhoben werden. Hingegen liegt eine *Sekundärerhebung* vor, wenn auf bereits vorhandenes Datenmaterial (z. B. in Karteien)
zurückgegriffen wird.

Zur Erhebung einer Stichprobe können verschiedene Techniken verwendet werden, die im folgenden beschrieben werden.

Zufallsauswahl

Beim Zufallsverfahren wird durch "Auslosung" bestimmt, an welchen Merkmalsträgern Beobachtungen durchgeführt werden sollen. Man kann sich dabei
z. B. der Einwohnerkartei oder des Telefonbuchs bedienen. Die "Auslosung"
muss aber so geschehen, dass jeder Merkmalsträger die gleiche Chance hat, in
die Erhebung aufgenommen zu werden. Dazu sind sorgfältige Überlegungen
notwendig. Führt man etwa eine Telefonumfrage durch, so muss man beden-
ken, dass z. B. der besonders mobile Teil der Bevölkerung in der Stichprobe
unterrepräsentiert sein wird, da diese Leute häufig nicht erreichbar sind und
bei ihnen eine Befragung nur über einen Anrufbeantworter möglich ist. Wählt
man die zu Befragenden anhand eines Telefonbuchs aus, indem man z. B. jede 10. Person mit dem Anfangsbuchstaben C des Familiennamens befragt,
so werden Ausländer überrepräsentiert sein. Einen solchen Effekt wird man
auch haben, wenn man aus der Einwohnerkartei alle Personen herauspickt, die
am Ersten eines Monats geboren sind. Hier werden die türkischen Mitbürger
überrepräsentiert sein. In ihrem Pass ist nicht der Geburtstag, sondern nur
der Geburtsmonat vermerkt, und deutsche Beamte haben die Gewohnheit, in
solchen Fällen den Ersten des Monats als Geburtstag zu definieren.

Abschneideverfahren

Soll eine volkswirtschaftliche Größe (z. B. die Auftragslage in der Wirtschaft)
durch eine Blitzumfrage unter Betrieben ermittelt werden, so bezieht man in
die Erhebung nur Unternehmen mit einer gewissen Mindestgröße ein, die ja
in der Regel viel bedeutsamer sind für die volkswirtschaftliche Entwicklung
als die ganz kleinen Betriebe. Diese Stichprobenauswahl bezeichnet man als
Abschneideverfahren.

Quotenauswahl

Bei der Quotenauswahl achtet man darauf, dass bestimmte Bevölkerungsgrup-

pen entsprechend ihres Anteils in der Gesamtbevölkerung in der Stichprobe
vertreten sind. Man wird also dafür Sorge tragen, dass die Altersgruppen, die
Berufsgruppen sowie Männer und Frauen entsprechend ihrer Quote einbezogen
werden.

Beispiel 1.9. (Quotenauswahl)
Für eine repräsentative Umfrage waren in den 70er Jahren folgende Quoten
üblich:

- Geschlecht:
  Männer 47%, Frauen 53%.
- Alter:
  16–29 Jahre 25%, 30–44 Jahre 28%, 45–59 Jahre 21%, 60 und älter 26%,
- Berufsgruppe:
  Arbeiter 43%, Landwirte 5%, Angestellte 34%, Beamte 9%,
  Selbständige 9%,
- Wohnort:
  Unter 2000 Einw. 8%, 2000–20000 Einw. 33%, 20000–100000 Einw. 24%,
  100000 und mehr 35%.
- Bundesland:
  S–H 4%, HH 3%, HB 1%, N 12%, NRW 28%, H 9%, R–P 6%, S 2%,
  B–W 15%, BA 17%, B 3%.

Schichten- und Klumpenauswahl
Abhängig vom Untersuchungsziel läßt sich die Bevölkerung oft in mehrere
Schichten unterteilen. So wird man z. B. bei Untersuchungen über das Kon-
sumverhalten Stadt- und Landbevölkerung als getrennte Schichten auffassen.
Im Unterschied zur Quotenauswahl wird die Schichtung also in engem Sachzusammenhang mit dem Untersuchungsziel gewählt. Es wird zunächst festgelegt,
wieviele Merkmalsträger aus den einzelnen Schichten herauszugreifen sind. Innerhalb der Schichten wird dann eine Zufallsauswahl vorgenommen.

Oft sind die Merkmalsträger in Gruppen (wie z. B. Haushalte, Betriebe, Ge-
meinden) zusammengefasst. Solche Gruppen werden in der Stichprobentheorie
als *Klumpen* bezeichnet. Dann kann es sinnvoll sein, zufällig einzelne Gruppen auszuwählen und innerhalb dieser Gruppen jeden Merkmalsträger in die
Stichprobe zu nehmen. Dies kann unter Umständen zu einer beträchtlichen
Verringerung des für die Erhebung nötigen Organisationsaufwands führen.

Eine genauere Analyse dieser Verfahren ergibt jedoch bei gleichem Stichprobenumfang folgendes Bild:

Die Aussagekraft der Untersuchung ist bei einer geschichteten Stichprobe größer
als bei einer Zufallsstichprobe. Der Genauigkeitsgewinn ist um so größer, je ho-
mogener die einzelnen Schichten und je größer die Unterschiede zwischen den

einzelnen Schichten sind.

Die Aussagekraft der Untersuchung ist bei einer Klumpenstichprobe kleiner als bei einer Zufallsstichprobe. Der Genauigkeitsverlust ist um so kleiner, je inhomogener die einzelnen Klumpen und je kleiner die Unterschiede zwischen den Klumpen sind.

Beispiel 1.10. (Schichten- und Klumpenauswahl)
Eingeschätzt werden soll der Haushaltsstrombedarf in einer Großstadt an einem Werktag. Bei der Auswahl der Haushalte, in denen dazu die Zähler abgelesen werden sollen, wird man eine Schichtenauswahl vornehmen, da in den verschiedenen Bezirken der Stadt (den Revieren) der Verbrauch pro Haushalt von den Lebensgewohnheiten der dort lebenden Bevölkerung abhängt (Villenviertel – Hochhaussiedlung). Entsprechend der Reviergröße wird festgelegt, wieviele Haushalte der einzelnen Reviere in die Untersuchung aufgenommen werden. Die Reviere der Großstadt bilden also die Schichten der Auswahl. Der Genauigkeitsgewinn wird im Vergleich zu einer reinen Zufallsstichprobe besonders groß sein, wenn innerhalb der einzelnen Reviere jeweils nur Haushalte mit nahezu gleichen Lebensgewohnheiten der Haushaltsmitglieder (oder gleichem Haushaltseinkommen) vorkommen und wenn sich die Reviere bezüglich des Verbrauchs deutlich unterscheiden. Eine Klumpenauswahl bietet sich bei dieser Fragestellung nicht an.

Beispiel 1.11. (Schichten- und Klumpenauswahl)
Eingeschätzt werden soll der Strombedarf im Gewerbe an einem Werktag. Auch hier bietet sich eine Schichtenauswahl an. Entsprechend ihres Anteils an der Gesamtheit der gewerblichen Abnehmer sind große Firmen, mittlere Firmen und kleine Betriebe zu berücksichtigen. Die Unterschiede zwischen den Schichten sind hier besonders groß. Ein gewerblicher Abnehmer kann z. B. ein Kiosk, eine Litfaßsäule oder ein Unternehmen mit Tausenden von Beschäftigten sein.

2 Lage- und Streuungsparameter

Im Folgenden geht es vorwiegend um quantitative Merkmale. Das Datenmaterial soll durch die Angabe von wenigen Zahlen beschrieben werden. Von Bedeutung sind hierbei Durchschnittswerte und Zahlen, die angeben, wie stark die einzelnen Merkmalsausprägungen von den Durchschnittswerten abweichen. Diese charakterisierenden Werte geben einen Eindruck von der Lage und der Streuung der Merkmalsausprägungen auf der Zahlengeraden und werden daher als Lage- und Streuungsparameter bezeichnet.

2.1 Mittelwerte

Wir gehen aus von einer Messreihe

$$x_1, \ldots, x_n,$$

die sich bei der Untersuchung eines Merkmals an n Merkmalsträgern ergeben hat. Der gebräuchlichste Durchschnittswert ist das *arithmetische Mittel*

$$\overline{x} = \frac{1}{n} \cdot (x_1 + \ldots + x_n) = \frac{1}{n} \cdot \sum_{i=1}^{n} x_i.$$

Daneben wird der *Median* benutzt, der folgendermaßen definiert wird. Man betrachtet zunächst die sogenannte *geordnete Messreihe*

$$x_{(1)}, x_{(2)}, \ldots, x_{(n)},$$

die sich aus der ursprünglichen Messreihe dadurch ergibt, dass die Merkmalsausprägungen $x_1, \ldots, x_n$ der Größe nach (mit dem kleinsten Wert beginnend) sortiert werden. Es gilt also

$$x_{(1)} \leq \ldots \leq x_{(n)}.$$

Beispiel 2.1. (Geordnete Messreihe)
Es liege eine Messreihe $x_1, \ldots, x_n$ vom Umfang $n = 10$ vor:

$$9, 7, 3, 14, 17, 9, 8, 10, 5, 2.$$

Daraus ergibt sich die geordnete Messreihe $x_{(1)}, \ldots, x_{(n)}$ zu

$$2, 3, 5, 7, 8, 9, 9, 10, 14, 17.$$

Der Median $\tilde{x}$ einer Messreihe ist definiert als der "mittlere" Wert in der geordneten Messreihe. Diese Definition legt einen bestimmten Wert fest, falls die Anzahl der Messwerte ungerade ist. Bei gerader Anzahl wird der kleinere der beiden "mittleren" Werte gewählt:

$$\tilde{x} = \begin{cases} x_{\left(\frac{n+1}{2}\right)} & \text{falls } n \text{ ungerade} \\ x_{\left(\frac{n}{2}\right)} & \text{falls } n \text{ gerade} \end{cases}$$

Beispiel 2.2. (Median für gerades n)
Für die obige Messreihe ist $n = 10$, also gerade, und es gilt

$$\tilde{x} = x_{\left(\frac{10}{2}\right)} = x_{(5)},$$

also

$$\tilde{x} = 8.$$

Beispiel 2.3. (Median für ungerades n)
Es liege eine Messreihe $x_1, \ldots, x_{11}$, gegeben durch

$$5, 7, 8, 3, 4, 9, 14, 2, 7, 10, 12,$$

vor. Die zugehörige geordnete Messreihe $x_{(1)}, \ldots, x_{(11)}$ ist

$$2, 3, 4, 5, 7, 7, 8, 9, 10, 12, 14.$$

Hier ist $n = 11$, also ungerade, und es gilt

$$\tilde{x} = x_{\left(\frac{11+1}{2}\right)} = x_{(6)},$$

also

$$\tilde{x} = 7.$$

Charakteristisch für den Median $\tilde{x}$ einer Messreihe ist die Eigenschaft, dass mindestens 50% aller Messwerte $\leq \tilde{x}$ und mindestens 50% aller Messwerte $\geq \tilde{x}$ sind.

Beispiel 2.4. (Charakteristische Eigenschaft des Medians)
Für die erste Messreihe vom Umfang $n = 10$ mit dem Median $\tilde{x} = 8$ gilt

$$2, 3, 5, 7, 8 \leq 8 \leq 8, 9, 9, 10, 14, 17,$$

d. h., 5 Messwerte (=50%) sind kleiner oder gleich, und 6 Messwerte (=60%) sind größer oder gleich dem Median.
Für die zweite Messreihe vom Umfang $n = 11$ mit dem Median $\tilde{x} = 7$ gilt

$$2, 3, 4, 5, 7, 7 \leq 7 \leq 7, 7, 8, 9, 10, 12, 14.$$

Hier sind 6 Messwerte (ca. 54.5%) kleiner oder gleich, und 7 Messwerte (ca. 63.6%) größer oder gleich dem Median.

Diese Eigenschaft des Medians besitzt bei Messreihen mit geradzahligem Umfang n natürlich jeder Wert des Intervalls $[x_{(\frac{n}{2})}, x_{(\frac{n}{2}+1)}]$. Aus diesem Grund heißt das angegebene Intervall *Medianintervall*, und oft wird auch jeder Wert dieses Intervalls als Median bezeichnet. Gelegentlich wird bei Messreihen mit geradzahliger Länge der Mittelpunkt des Medianintervals als Median der Messreihe definiert, d. h.

$$\tilde{\tilde{x}} = \frac{1}{2}\left(x_{(\frac{n}{2})} + x_{(\frac{n}{2}+1)}\right).$$

Beispiel 2.5. (Medianintervall)
Für die erste Messreihe vom Umfang $n = 10$ ist das Medianintervall

$$[x_{(\frac{10}{2})}, x_{(\frac{10}{2}+1)}] = [x_{(5)}, x_{(6)}] = [8, 9],$$

und damit ergibt sich der Median nach der zweiten Definition zu

$$\tilde{\tilde{x}} = 8.5.$$

Das Medianintervall kann natürlich auch nur einen einzigen Punkt enthalten; nämlich dann, wenn $x_{(\frac{n}{2})} = x_{(\frac{n}{2}+1)}$ gilt.

Beispiel 2.6. (Einelementiges Medianintervall)
Vorgelegt sei die geordnete Messreihe

$$1\,,\,3\,,\,7\,,\,11\,,\,11\,,\,14\,,\,17\,,\,19$$

vom Umfang $n = 8$. Hier gilt

$$x_{(\frac{n}{2})} = x_{(4)} = 11 = x_{(5)} = x_{(\frac{n}{2}+1)}.$$

Also enthält das Medianintervall nur den Wert 11. Die beiden angegebenen Möglichkeiten für die Definition des Medians führen in diesem Fall zum gleichen Ergebnis, d. h.,

$$\tilde{x} = \tilde{\tilde{x}} = 11.$$

Im Zusammenhang mit der Verteilung eines quantitativ–stetigen Merkmals, die durch eine Dichtefunktion gegeben ist, kann der Median als jener Merkmalswert gesehen werden, bei dem die Fläche unter der Dichtefunktion halbiert wird.

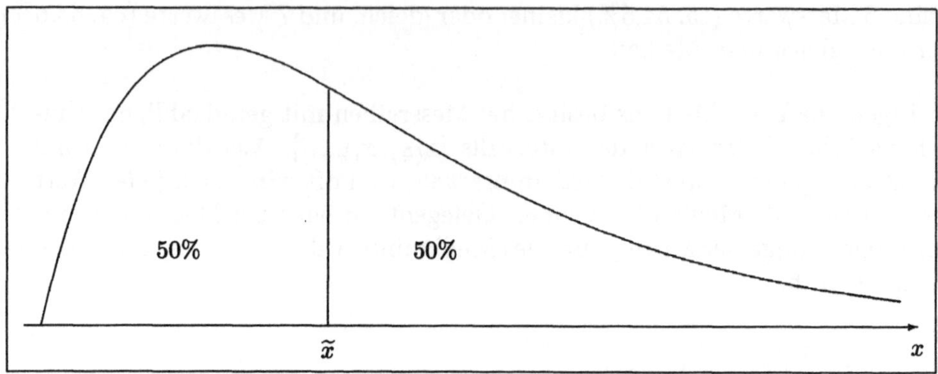

Fig. 2.1 Median der Verteilung eines quantitativ-stetigen Merkmals

Neben Median und arithmetischem Mittel wird noch der *Modalwert* x_{mod} als Lageparameter benutzt. Bei quantitativ–diskreten Merkmalen ist er als häufigster Wert in der Messreihe definiert.

Beispiel 2.7. (Modalwert bei quantitativ-diskretem Merkmal)
Es liege eine Messreihe

$$3, 4, 2, 1, 3, 5, 3, 3, 2, 2, 2, 4, 1, 4, 3, 2, 2, 1, 2, 2$$

vom Umfang 20 vor. Das zugehörige Stabdiagramm

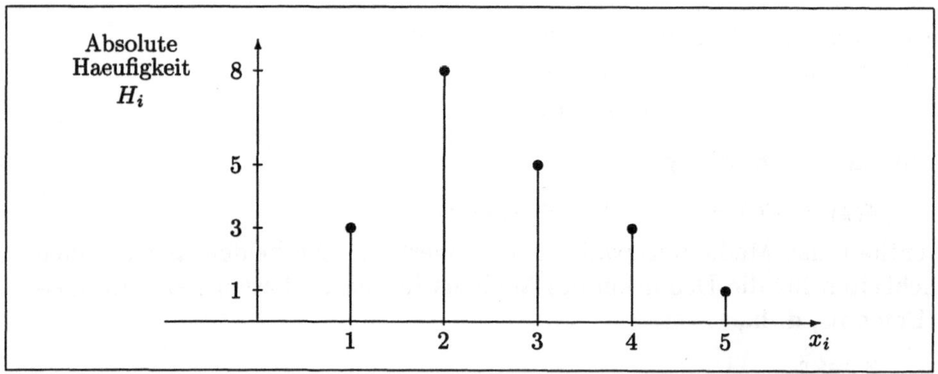

Fig. 2.2 Stabdiagramm

zeigt, dass der Wert 2 am häufigsten vorkommt. Also gilt hier

$$x_{mod} = 2\,.$$

Es können natürlich auch mehrere Werte einer Messreihe mit der gleichen maximalen Häufigkeit auftreten. In diesem Falle wird jeder dieser Werte als Modalwert bezeichnet.

Bei quantitativ–stetigen Merkmalen kann der Modalwert (im Prinzip) auf die gleiche Weise erklärt werden. Diese Definition ist jedoch unbrauchbar, wenn beispielsweise jeder Messwert in der Messreihe nur ein einziges Mal auftaucht. Deshalb denkt man sich das quantitativ–stetige Merkmal durch seine Verteilung charakterisiert, die wiederum durch eine Dichtefunktion beschrieben ist. Als Modalwert wird dann jeder Merkmalswert bezeichnet, bei dem die Dichtefunktion maximal wird.

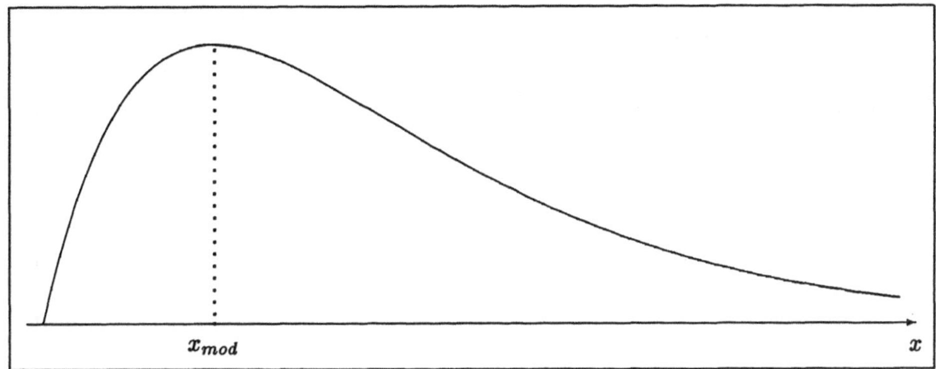

Fig. 2.3 Modalwert der Verteilung eines quantitativ-stetigen Merkmals

Aus einer gegebenen Messreihe $x_1, \ldots, x_n$ erthält man eine brauchbare Näherung für den Modalwert x_{mod}, indem man ein Histogramm erstellt und die Klassenmitte des höchsten Histogrammrechtecks ermittelt.

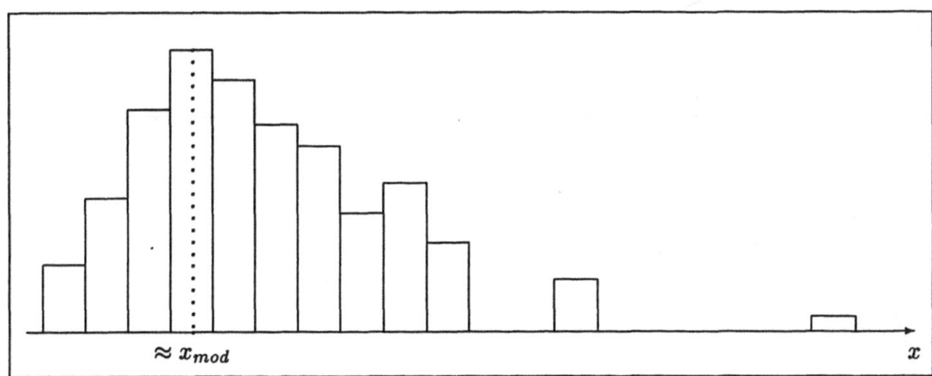

Fig. 2.4 Approximation des Modalwerts durch ein Histogramm

Da die Messwerte in jener Klasse, die zu dem höchsten Histogrammrechteck gehört, am dichtesten liegen und man annehmen kann, dass dort die Dichtefunktion ihre größten Werte annimmt, läßt sich der Modalwert x_{mod} auch als Wert größter Dichte interpretieren.

Bei eingipfligen Dichtefunktionen, wie in den obigen Abbildungen, ist der Modalwert x_{mod} eindeutig bestimmt. Deshalb heißen Verteilungen mit solchen Dichtefunktionen auch *unimodal*. Nur in diesem Fall ist der Modalwert ein sinnvoller Lageparameter. Ist die Dichtefunktion zusätzlich *symmetrisch*, so stimmen der Modalwert und der Median überein, d. h., $x_{mod} = \tilde{x}$. Für eine zugehörige Messreihe $x_1, \ldots, x_n$ wird sich dann (näherungsweise) ergeben:

$$\overline{x} = x_{mod} = \tilde{x}.$$

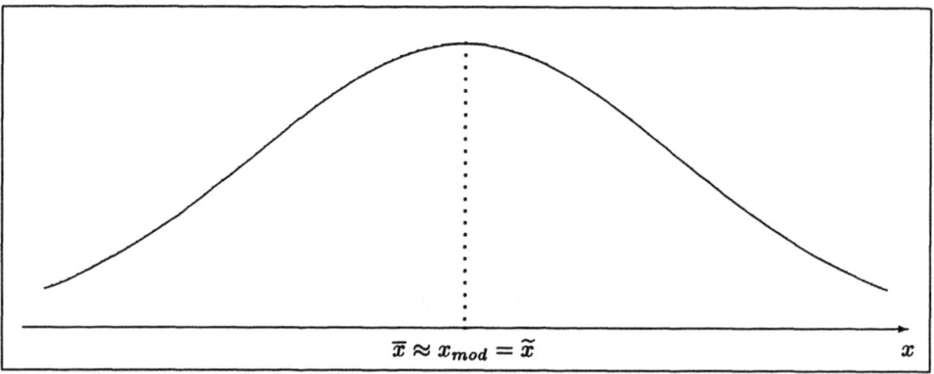

Fig. 2.5 Näherungsweise Übereinstimmung des arithmetischen Mittels mit Modalwert und Median

Ist die Verteilung jedoch *rechtsschief*, wie in der nachstehenden Abbildung, so gelten i. a. die Ungleichungen

$$x_{mod} < \tilde{x} < \overline{x}.$$

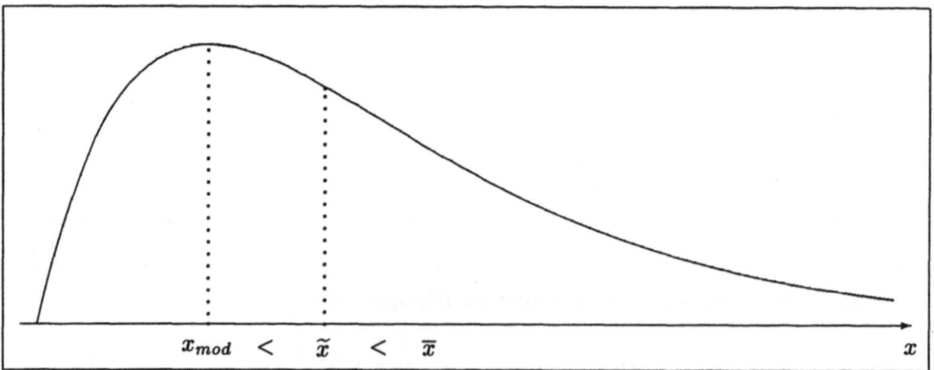

Fig. 2.6 Arithmetisches Mittel, Median und Modalwert bei rechtsschiefer Verteilung

Im Falle einer *linksschiefen* Verteilung gelten i. a. die umgekehrten Ungleichungen

$$x_{mod} > \tilde{x} > \bar{x} \, .$$

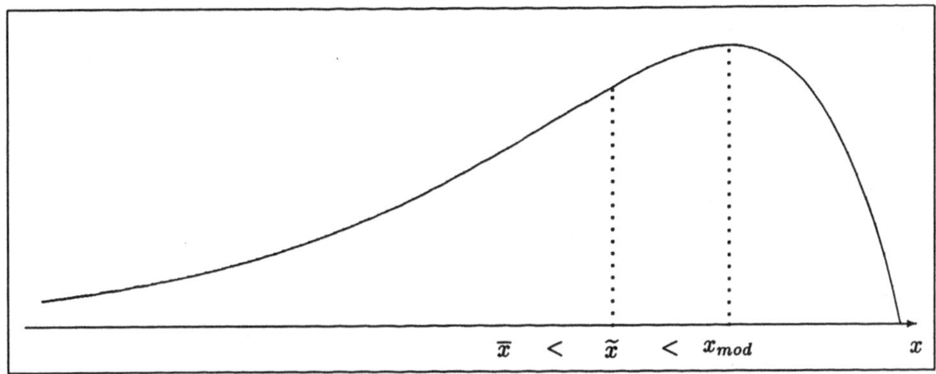

Fig. 2.7 Arithmetisches Mittel, Median und Modalwert bei linksschiefer Verteilung

Als *Ausreißer* bezeichnet man untypisch große bzw. kleine Werte in einer Messreihe. Solche Werte können z. B. durch Übertragungsfehler entstehen oder dadurch, dass Merkmalsträger untersucht wurden, die eigentlich nicht zur Grundgesamtheit gehören. Ausreißer machen sich bei der Berechnung des arithmetischen Mittels viel stärker bemerkbar als bei der Ermittlung des Medians. Man spricht daher von der *Ausreißerempfindlichkeit* des arithmetischen Mittels. Muß mit dem Vorliegen von Ausreißern gerechnet werden, so ist es also beim Vergleich von Messreihen oft sinnvoller, die Mediane anstelle der arithmetischen Mittel zu verwenden.

Beispiel 2.8. (Ausreißer)

In der Messreihe $8, 9, 7, 6, 10$ mit dem Median $\tilde{x} = 8$ und dem arithmetischen Mittel $\bar{x} = 8$ wird aufgrund eines Überprüfungsfehlers der Messwert 100 anstelle von 10 protokolliert. Es ergibt sich dann $\tilde{x} = 8$ und $\bar{x} = 26$. Während sich der Median also nicht ändert, liegt das arithmetische Mittel in einer Größenordnung, die mit der ursprünglichen Messreihe nichts mehr zu tun hat.

Neben der Eigenschaft, weniger empfindlich gegen Ausreißer zu sein als das arithmetische Mittel $\bar{x}$, hat der Median $\tilde{x}$ noch eine weitere angenehme Eigenschaft. Oft werden vorliegende Daten, die bezüglich einer bestimmten Skala ermittelt wurden, durch eine monotone *Skalentransformation* in andere Werte übergeführt (kurz gesagt: umgerechnet). Der Median der transformierten Daten ergibt sich dann, zumindest bei ungeradem Stichprobenumfang, durch Anwendung dieser Transformation auf den Median der ursprünglichen Daten.

Beispiel 2.9. (Gradtagszahl GTZ)

Die mittlere Tagestemperatur x ist ein gewichtetes Mittel der Außentemperaturen um 7.30 Uhr, um 14.30 Uhr und um 21.30 Uhr, wobei die letzte Temperatur mit doppeltem Gewicht eingeht. Sie wird in °C angegeben. Die zugehörige Gradtagszahl y berechnet sich aus der mittleren Tagestemperatur x gemäß der Formel

$$y = \begin{cases} 0 & \text{falls } x \geq 15 \\ 20 - x & \text{falls } x < 15 \end{cases}$$

und wird ebenfalls in °C angegeben.

Rechnet man nun eine Reihe von mittleren Tagestemperaturen

$$x_1, \ldots, x_n$$

in Gradtagszahlen

$$y_1, \ldots, y_n$$

um, so gilt für den Median, falls es sich um eine ungerade Anzahl n handelt:

Der Median $\tilde{y}$ der Gradtagszahlen $y_1, \ldots, y_n$ ist gleich der Gradtagszahl zum Median $\tilde{x}$ der mittleren Tagestemperaturen $x_1, \ldots, x_n$.

Entsprechendes kann für das arithmetische Mittel nicht gesagt werden. Hier kann sich das arithmetische Mittel $\bar{y}$ der Gradtagszahlen $y_1, \ldots, y_n$ sehr von der Gradtagszahl zum arithmetischen Mittel $\bar{x}$ der mittleren Tagestemperaturen $x_1, \ldots, x_n$ unterscheiden, während die entsprechenden Werte bei der Medianbildung für ungerades n identisch und für gerades n Nachbarwerte in den geordneten Messreihen sind.

Die nachstehende Tabelle zeigt eine Messreihe von 11 mittleren Tagestemperaturen und ihren zugehörigen Gradtagszahlen.

Tag i	Mittl. Tagestemp. x_i	GTZ y_i
1	13.2	6.8
2	14.7	5.3
3	12.5	7.5
4	13.9	6.1
5	15.1	0
6	17.2	0
7	11.9	8.1
8	15.1	0
9	17.3	0
10	15.2	0
11	15.5	0

Die jeweiligen arithmetischen Mittel und Mediane ergeben sich zu

$$\overline{x} = 14.68, \qquad \overline{y} = 3.07,$$

und

$$\tilde{x} = 15.1, \qquad \tilde{y} = 0.$$

Man erkennt, dass der Median $\tilde{y} = 0$ die Gradtagszahl zu $\tilde{x} = 15.1$ ist, während sich das arithmetische Mittel $\overline{y} = 3.07$ beträchtlich von 5.32, der Gradtagszahl zu $\overline{x} = 14.68$, unterscheidet.

Ist das Datenmaterial in klassierter Form gegeben, und die ursprüngliche Messreihe ist nicht mehr verfügbar, so können zur Berechnung eines Durchschnittswertes die Klassenmitten herangezogen werden. Dazu gehen wir von einer Klasseneinteilung (ohne offene Klassen) aus, die durch s Teilintervalle gegeben ist. Die Anzahl der Messwerte $x_1, \ldots, x_n$, die in die l-te Klasse fallen, sei mit n_l bezeichnet, $l = 1, \ldots, s$. Die jeweiligen Klassenmitten (Mittelpunkte der Teilintervalle) seien $x_1^*, \ldots, x_s^*$. Das *arithmetische Mittel für klassierte Daten* berechnet sich dann gemäß der Formel

$$\overline{x} = \frac{1}{n} \sum_{l=1}^{s} n_l \cdot x_l^*.$$

Man beachte, dass dieser Wert natürlich von dem arithmetischen Mittel, das man bei der direkten Berechnung aus der Messreihe erthält, abweichen kann.

Beispiel 2.10. (Tageshöchstlasten eines großen Stromkunden)
Gegeben seien die folgenden 30 Tagehöchstlasten in MW,

$$14.33, 14.26, 14.57, 14.34, 14.38, 14.42, 14.43, 14.66, 14.54, 14.34,$$

$$14.24, 14.29, 14.55, 14.53, 14.28, 14.46, 14.43, 14.40, 14.40, 14.30,$$

$$14.51, 14.53, 14.38, 14.42, 14.39, 14.64, 14.31, 14.53, 14.57, 14.58,$$

die in die nachstehenden $s = 5$ Klassen eingeteilt werden.

l	Klasse	Klassenmitte x_l^*	Klassenhäufigkeit n_l
1	$[14.20, 14.30)$	14.25	4
2	$[14.30, 14.40)$	14.35	8
3	$[14.40, 14.50)$	14.45	7
4	$[14.50, 14.60)$	14.55	9
5	$[14.60, 14.70)$	14.65	2

Aus den klassierten Daten ergibt sich

$$\overline{x} \;=\; \frac{1}{30} \cdot (4 \cdot 14.25 + 8 \cdot 14.35 + 7 \cdot 14.45 + 9 \cdot 14.55 + 2 \cdot 14.65)$$

$$=\; \frac{1}{30} \cdot (57.00 + 114.80 + 101.15 + 130.95 + 29.30)$$

$$=\; \frac{1}{30} \cdot 433.20$$

$$=\; 14.440 \,.$$

Die ursprüngliche Messreihe liefert

$$\overline{x} = \frac{1}{30} \cdot (14.33 + \ldots + 14.58) = \frac{1}{30} \cdot 433.01 = 14.433 \,.$$

In dem obigen Beispiel unterscheidet sich das aus den klassierten Daten berechnete arithmetische Mittel nur unwesentlich von dem tatsächlichen Wert. Der Grad der Verfälschung kann aber in Abhängigkeit von der Feinheit der Klasseneinteilung und der Lage der Messwerte in den einzelnen Klassen auch wesentlich höher sein.

Beispiel 2.11. (Zonenpreisregelung für Stromkunden)
Bei der Zonenpreisregelung für Stromkunden sind die Abnahmemengen in gewisse Zonen eingeteilt, die den Abnahmepreis festlegen. Die Kommunen werden dann bestrebt sein, mit ihrem Verbrauch gerade noch über die nächsthöhere Zonengrenze hinauszukommen, um den Vorteil des nächstniedrigen Abnahmepreises zu haben. Dieses Verhalten führt dazu, dass die einzelnen Verbrauchswerte vornehmlich kleiner ausfallen als die zugehörigen Klassenmitten der bei der Mengendegression festgelegten Zonen.

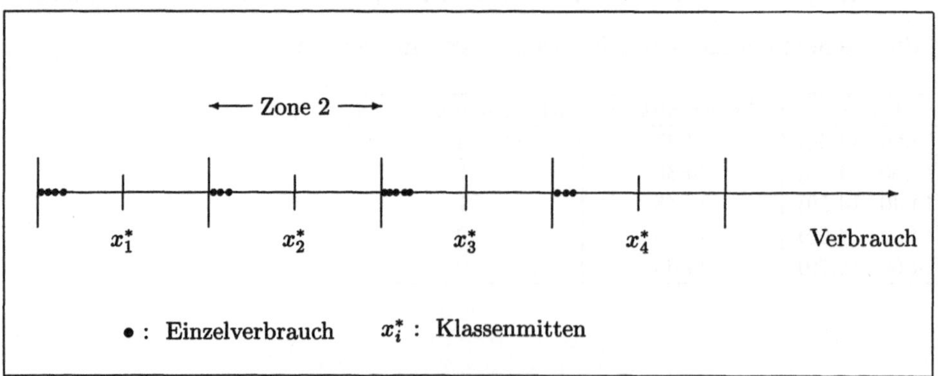

Fig. 2.8 Effekt der Zonenpreisregelung auf die Verbrauchswerte

Wird in einer solchen Situation das arithmetische Mittel mit Hilfe der Klassenmitten berechnet, also mit der Formel

$$\overline{x} = \frac{1}{n} \sum_{l=1}^{s} n_l \cdot x_l^* ,$$

so erhält man natürlich einen größeren Wert als bei der direkten Berechnung aus der Messreihe gemäß

$$\overline{x} = \frac{1}{n} \sum_{i=1}^{n} x_i .$$

Das *geometrische Mittel* für positive Zahlen $x_1, \ldots, x_n$ ist definiert durch

$$x_g = \sqrt[n]{x_1 \cdot \ldots \cdot x_n} .$$

Seine Verwendung ist immer dann angezeigt, wenn es sich bei dem Datenmaterial um relative Änderungen eines Merkmals handelt, die nicht durch Differenzen, sondern durch Verhältniszahlen, wie z. B. Steigerungsraten, gegeben sind.

Beispiel 2.12. (Lebenshaltungskosten)
Die nachstehende Tabelle zeigt die Steigerung der Lebenshaltungskosten, jeweils bezogen auf das Vorjahr, in den 70er Jahren.

Jahr	Steigerung x_i im Jahr 1970+i gegenüber dem Vorjahr
1971	1.052
1972	1.053
1973	1.068
1974	1.068
1975	1.061
1976	1.044
1977	1.035
1978	1.025
1979	1.038
1980	1.053

Dabei bedeutet z. B. $x_4 = 1.068$, dass die Lebenshaltungskosten im Jahr 1974 das 1.068-fache der Lebenshaltungskosten des Jahres 1973 betrugen.

Unter Verwendung des geometrischen Mittels ergibt sich die durchschnittliche Steigerung der Lebenshaltungskosten zu

$$x_g = \sqrt[10]{1.052 \cdot \ldots \cdot 1.053} = 1.0496 ,$$

so dass man von einer durchschnittlichen jährlichen Steigerungsrate von 4.96% sprechen kann. Dass diese Mittelbildung sinnvoll ist, zeigt folgende Überlegung:

Bezieht man die Steigerungen nicht jeweils auf das Vorjahr, sondern alle auf
das Jahr 1970, so erhält man die nachstehenden Werte.

Jahr	Steigerung gegenüber dem Jahr 1970
1970	1.000
1971	1.052
1972	1.108
1973	1.183
1974	1.263
1975	1.340
1976	1.399
1977	1.448
1978	1.484
1979	1.541
1980	1.623

Innerhalb eines Jahrzehnts ergab sich also eine Steigerung um 62.3%. Wenn
man nun eine konstante Steigerung entsprechend des geometrischen Mittels
von 1.0496 annimmt, so erhält man als Gesamtsteigerung in 10 Jahren gerade
die 10. Potenz

$$x_g^{10} = (1.0496)^{10} = 1.623$$

was der oben angegebenen 62.3%igen Steigerung entspricht.

Hätte man aus der ersten Tabelle des obigen Beispiels das arithmetische Mittel
berechnet, so würde sich als durchschnittliche Steigerung der Wert $\overline{x} = 1.0497$
ergeben. Der Unterschied zu der anhand des geometrischen Mittels berechne-
ten durchschnittlichen Steigerung $x_g = 1.0496$ ist hier also relativ gering. Bei
größeren Schwankungen der Daten $x_1, \ldots, x_n$ kann dieser Unterschied allerdings beträchtlich sein und zu einer Ursache falscher Schlußfolgerungen werden. Im Allgemeinen kann man zeigen, dass das geometrische Mittel immer
kleiner oder gleich dem arithmetischen Mittel ist, d. h. es gilt

$$x_g \leq \overline{x}.$$

Gleichheit kann nur im Fall von identischen Daten $x_1 = \ldots = x_n$ auftreten.

Beispiel 2.13. (Jahresumsatz)
Die folgende Tabelle zeigt die zeitliche Entwicklung des Jahresumsatzes in 1000
DM eines (fiktiven) mittelständischen Unternehmens in dem Zeitraum 1980 bis
1989.

Jahr	Umsatz
1980	500
1981	600
1982	650
1983	2000
1984	2200
1985	2200
1986	4000
1987	8000
1988	8100
1989	8150

Damit ergeben sich die Umsatzsteigerungen, jeweils bezogen auf das Vorjahr zu:

Jahr	Steigerung x_i im Jahr 1980+i gegenüber dem Vorjahr
1981	1.20
1982	1.08
1983	3.08
1984	1.10
1985	1.10
1986	1.82
1987	2.00
1988	1.01
1989	1.01

Hier berechnet sich die durchschnittliche Steigerung des Jahresumsatzes nach dem geometrischen Mittel zu $x_g = 1.38$, während das arithmetische Mittel einen Wert von $\overline{x} = 1.49$ ergibt.

2.2   Streuungsmaße

Ist der Mittelwert $\overline{x}$ (oder Lageparameter μ) bekannt, so interessiert man sich dafür, wie weit die Daten (im Durchschnitt) von diesem Mittelwert entfernt sind; oder anders ausgedrückt, wie stark die Daten um den Mittelwert streuen. Dies ist auch eine Frage nach der Breite der zugehörigen Verteilung.

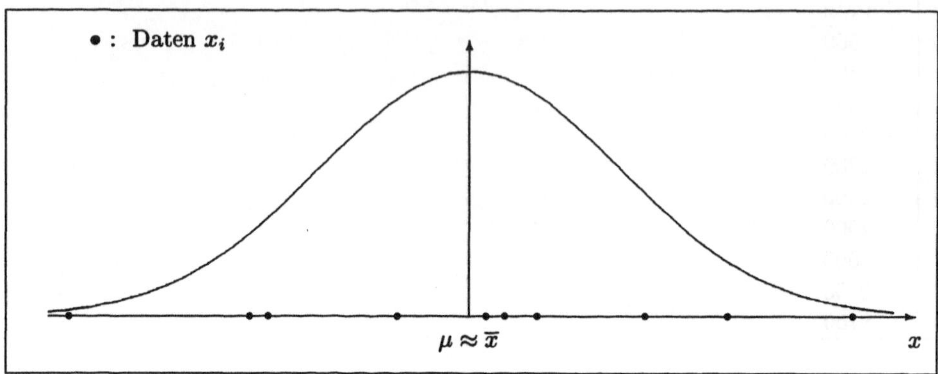

Fig. 2.9 Grosse Streuung

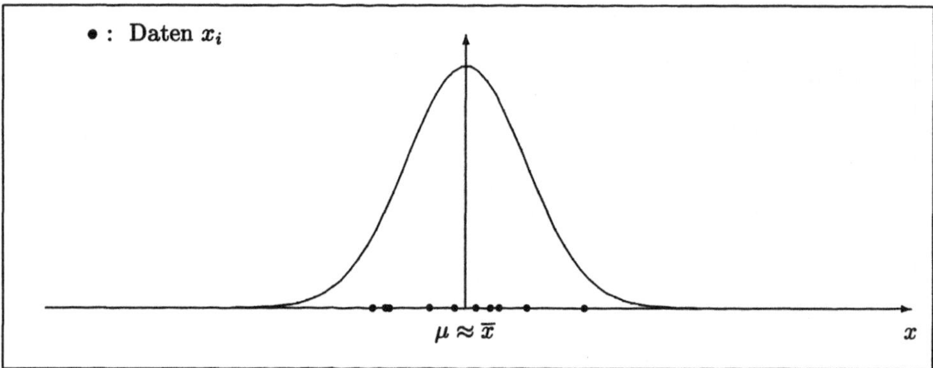

Fig. 2.10 Kleine Streuung

Das arithmetische Mittel hat im Falle kleiner Streuung natürlich eine viel größere Aussagekraft als bei großer Streuung, da sich die Messwerte $x_1, \ldots, x_n$ im ersten Fall nur wenig von $\mu \approx \overline{x}$ unterscheiden. Deshalb ist es immer wichtig, neben einem Mittelwert auch eine Kennzahl für die "Streuung" des Datenmaterials anzugeben.

Der wichtigste Streuungsparameter ist die sogenannte *Stichprobenvarianz* s^2 bzw. die Wurzel aus dieser Größe, die *Standardabweichung* s heißt. Die Stichprobenvarianz einer Messreihe $x_1, \ldots, x_n$ ist ein Durchschnittswert, der aus den quadrierten Abweichungen $(x_i - \overline{x})^2$, $i = 1, \ldots, n$, der Messwerte x_i vom arithmetischen Mittel $\overline{x}$ berechnet wird.

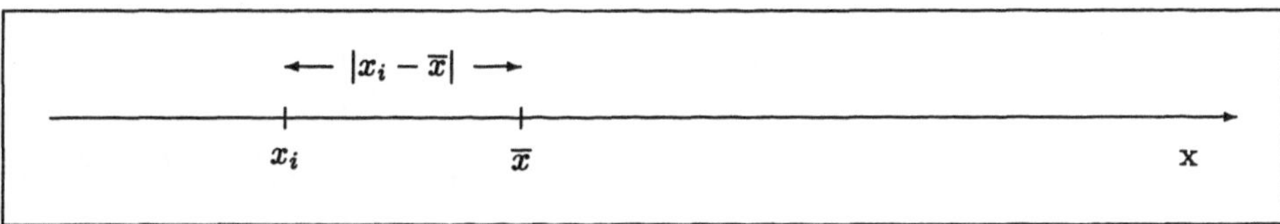

Fig. 2.11 Abweichung vom Mittelwert

Sie ist definiert als

$$s^2 = \frac{1}{n-1} \sum_{i=1}^{n} (x_i - \overline{x})^2 \, .$$

Man beachte, dass die Mittelbildung für die quadratischen Abweichungen so vorgenommen wird, dass nicht durch n, sondern durch $n-1$ dividiert wird, obwohl die Anzahl der aufsummierten Quadrate gleich n ist. Eine tiefergehende mathematische Analyse rechtfertigt die Wahl des Faktors $1/(n-1)$ vor der Summe. Es zeigt sich nämlich, dass die Standardabweichung

$$s = \sqrt{\frac{1}{n-1} \sum_{i=1}^{n} (x_i - \overline{x})^2}$$

ein besserer Schätzwert für die Breite einer Verteilung (bzw. die Streuung einer Messreihe) ist, als dies der Fall wäre, wenn vor der Summe der Faktor $1/n$ verwendet würde. Im letzteren Fall wird die Breite der Verteilung in der Regel etwas unterschätzt.

Die Bezeichnung s^2 wird allerdings oft auch für die *mittlere quadratische Abweichung*

$$s^2 = \frac{1}{n} \sum_{i=1}^{n} (x_i - \overline{x})^2$$

verwendet. Abgesehen davon, dass sich für große n die Werte von s^2 bei beiden Definitionen nur wenig unterscheiden, kann z. B. bei statistischen Anwendungsprogrammen durch einen kurzen Test mit bekanntem Datenmaterial sofort festgestellt werden, welche der beiden Definitionen verwendet wird.

Beispiel 2.14. (Stichprobenvarianz und mittlere quadratische Abweichung) Für die Messreihe

$$1, 2, 3, 4, 5, 6, 7, 8, 9$$

vom Umfang $n = 9$ berechnet man

$$\overline{x} = \frac{1}{9} \cdot (1 + 2 + \ldots + 9) = \frac{1}{9} \cdot 45 = 5$$

und hieraus

$$
\begin{aligned}
s^2 &= \frac{1}{8} \cdot \left[(1-5)^2 + (2-5)^2 + \ldots + (9-5)^2 \right] \\
&= \frac{1}{8} \cdot \left[(-4)^2 + (-3)^2 + (-2)^2 + (-1)^2 + 0^2 + 1^2 + 2^2 + 3^2 + 4^2 \right] \\
&= \frac{1}{8} \left[16 + 9 + 4 + 1 + 0 + 1 + 4 + 9 + 16 \right] \\
&= \frac{60}{8} = 7.5 \, .
\end{aligned}
$$

Ergibt sich mit einem Rechner bei diesem Beispiel anstelle von 7.5 für s^2 der Wert 6.67, so ist klar, dass nicht der Faktor $1/(n-1)$, sondern der Faktor $1/n$ im Programm verwendet wird.

Zur Berechnung von s^2 (jetzt immer mit dem Faktor $1/(n-1)$) wird manchmal auch die Formel

$$
s^2 = \frac{1}{n-1} \left(\sum_{i=1}^{n} x_i^2 - n\overline{x}^2 \right)
$$

verwendet, die sich aus der oben gegebenen Definition von s^2 nach Umrechnung ergibt.

Der *Variationskoeffizient*

$$
v = \frac{s}{\overline{x}}
$$

wird sinnvollerweise nur für positive Messreihen betrachtet. Die Standardabweichung wird dabei auf die Durchschnittsgröße der Werte bezogen. Eine wichtige Anwendung liegt hier z. B. im Vergleich von Preisstreuungen, wenn die Preise in verschiedenen Währungen angegeben sind.

Beispiel 2.15. (Benzinpreise)
Bei einer Reihe von Tankstellen in Frankreich und Deutschland wurden die Jahresdurchschnitte für Super ermittelt. Die mittleren Jahresdurchschnitte und zugehörigen Standardabweichungen in der jeweiligen Landeswährung sind in der folgenden Tabelle dargestellt.

	$\overline{x}$	s
Frankreich	5.35 FF	0.27 FF
Deutschland	1.21 DM	0.03 DM

Daraus ergeben sich die entsprechenden Variationskoeffizienten zu

$$
\nu = \frac{s}{\overline{x}} = \begin{cases} 0.00505 \text{ in Frankreich} \\ 0.00248 \text{ in Deutschland} \, . \end{cases}
$$

Da der Variationskoeffizient eine dimensionslose Größe ist, kann er in Prozent angegeben werden, also $\nu=5.05\%$, bzw. $\nu=2.48\%$.

In vielen Anwendungsproblemen treten Messreihen auf, die zu unimodalen, symmetrischen Verteilungen passen. Meistens kann man sogar davon ausgehen, dass sie zu einer Normalverteilung mit der Dichte

$$f(x) \; = \; \frac{1}{\sigma\sqrt{2\pi}} \cdot e^{-(x-\mu)^2/(2\sigma^2)}$$

passen. Wie bereits im Kapitel 1.3 dargestellt, beschreibt dabei der Parameter μ die Mitte und der Parameter σ die Breite der Verteilung.
In diesem Fall liefern das arithmetische Mittel $\bar{x}$ und die Standardabweichung s brauchbare Näherungswerte für die Parameter μ und σ. Deswegen, und aufgrund der besonderen Gestalt von Normalverteilungsdichten, ergibt sich:

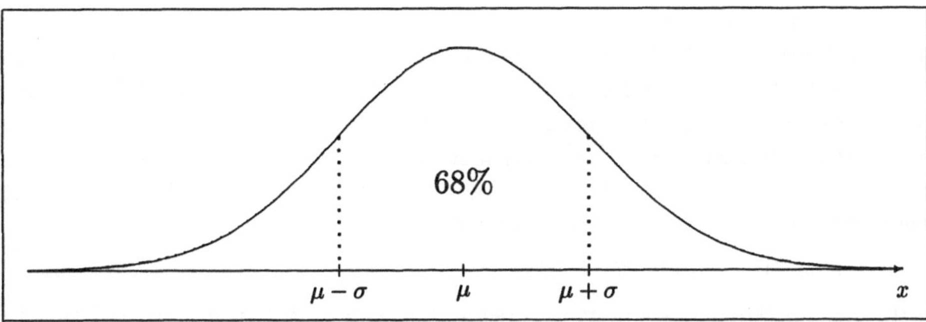

Fig. 2.12 Im Intervall $[\bar{x} - s\,,\,\bar{x} + s]$ liegen ungefähr 68% aller Messwerte

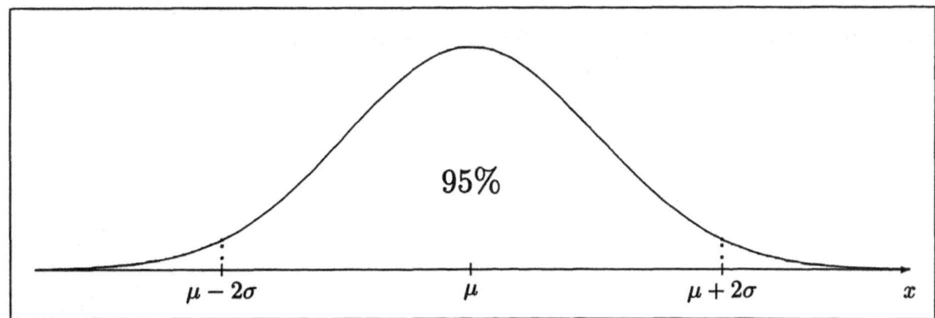

Fig. 2.13 Im Intervall $[\bar{x} - 2s\,,\,\bar{x} + 2s]$ liegen ungefähr 95% aller Messwerte

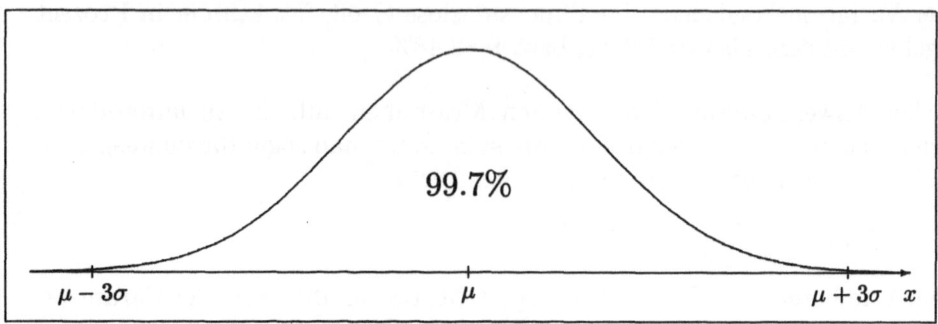

Fig. 2.14 Im Intervall $[\overline{x} - 3s\,,\ \overline{x} + 3s]$ liegen ungefähr 99.7% aller Messwerte

Es wurde bereits darauf hingewiesen, dass bei der Angabe eines Mittelwerts (z. B. $\overline{x}$) stets auch ein Streuungsmaß (z. B. s) erwähnt werden sollte. Dies kann jetzt anhand des folgenden Beispiels näher begründet werden.

Beispiel 2.16. (Werkstücklängen)
Eine Maschine stellt Werkstücke her, deren Länge zwischen zwei vorgegebenen Toleranzgrenzen $c_u = 10$ cm und $c_o = 11$ cm liegen soll. Um sich für eine von zwei möglichen Einstellungen der Maschine zu entscheiden, wurden unter beiden Einstellungen jeweils 10 Werkstücke produziert und die entsprechenden Längen in cm, $x_1, \ldots, x_{10}$ (Einstellung 1), bzw. $y_1, \ldots, y_{10}$ (Einstellung 2) festgestellt. Die jeweiligen arithmetischen Mittel betrugen

$$\overline{x} = 10.4 \quad \text{und} \quad \overline{y} = 10.5\,.$$

Die durchschnittlichen Längen unterscheiden sich also kaum, und bei beiden Einstellungen werden im Mittel die Toleranzgrenzen eingehalten. Für die zugehörigen Standardabweichungen ergaben sich aber die Werte

$$s_x = 0.3 \quad \text{und} \quad s_y = 0.1\,,$$

so dass damit zu rechnen ist, dass mehr x- als y-Werte außerhalb der Toleranzgrenzen liegen. Die Verteilung der Werkstücklängen ist bei Einstellung 1 offenbar breiter als bei Einstellung 2.

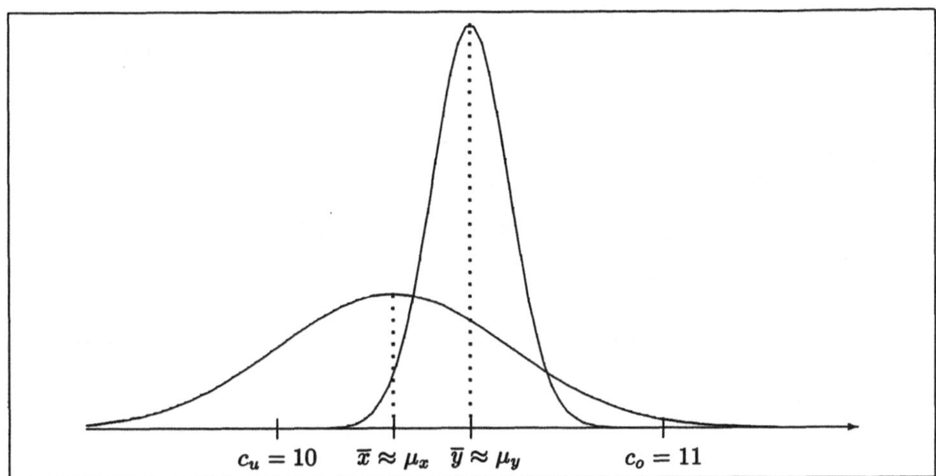

Fig. 2.15 Größere Streuung bei Einstellung 1

2.3 Quantile

Der Median $\tilde{x}$ einer Messreihe $x_1, \ldots, x_n$ ist dadurch charakterisiert, dass mindestens 50% der Messwerte darunter und mindestens 50% darüber liegen. Interessiert man sich nun für einen Messwert, bei dem beispielsweise mindestens 10% darunter und mindestens 90% darüber liegen, so führt dies auf den Begriff des *Quantils* einer Messreihe, in diesem Falle auf das 10%–Quantil. Insbesondere ist also der Median das 50%–Quantil der Messreihe. Allgemeiner wird für eine beliebige Zahl p zwischen 0 und 1 das sogenannte *p–Quantil* x_p einer Messreihe $x_1, \ldots, x_n$ folgendermaßen bestimmt:

1. Man geht zu der geordneten Messreihe $x_{(1)}, \ldots x_{(n)}$ über.
2. Dann berechnet man das Produkt $n \cdot p$, welches nicht unbedingt ganzzahlig ausfallen muß. Ist es jedoch ganzzahlig, so wird $n^* = n \cdot p$ gesetzt. Im anderen Falle wird für n^* die nächstgrößere ganze Zahl gewählt.
3. Schließlich wird das p-Quantil $x_p = x_{(n^*)}$ gesetzt.

Damit hat man einen Messwert $x_{(n^*)}$ gefunden, für den mindestens $p \cdot 100\%$ der Messwerte kleiner oder gleich $x_{(n^*)}$ und mindestens $(1-p) \cdot 100\%$ der Messwerte größer oder gleich $x_{(n^*)}$ sind.

Beispiel 2.17. (20%–Quantil)

Es sei eine Messreihe $x_1, \ldots, x_n$ vom Umfang $n = 11$ gegeben durch

$$5, 8, 11, 4, 2, 3, 6, 7, 14, 5, 3.$$

Die zugehörige geordnete Messreihe $x_{(1)}, \ldots, x_{(n)}$ ist dann:

$$2, 3, 3, 4, 5, 5, 6, 7, 8, 11, 14.$$

Mit $p = 0.2$ ist hier $n \cdot p = 2.2$ und somit $n^* = 3$. Also ergibt sich

$$x_{0.2} = x_{(3)} = 3.$$

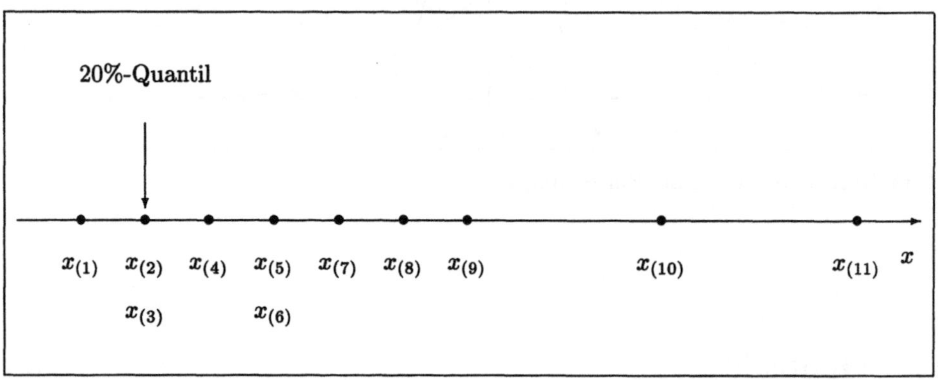

Fig. 2.16 20% - Quantil

Beispiel 2.18. (75%–Quantil)

Vorgelegt sei die Messreihe

$$1.1, 1.7, 0.9, 1.4, 3.8, 0.7, 2.0, 2.1,$$
$$1.9, 2.3, 3.3, 1.7, 2.8, 2.0, 0.9, 1.8.$$

vom Umfang $n = 16$. Die geordnete Messreihe ergibt sich zu

$$0.7, 0.9, 0.9.1.1, 1.4, 1.7, 1.7, 1.8,$$
$$1.9, 2.0, 2.0, 2.1, 2.3, 2.8, 3.3, 3.8.$$

Hier ist $n \cdot p = 0.75 \cdot 16 = 12$, also $n^* = 12$. Es folgt

$$x_{0.75} = x_{(12)} = 2.1.$$

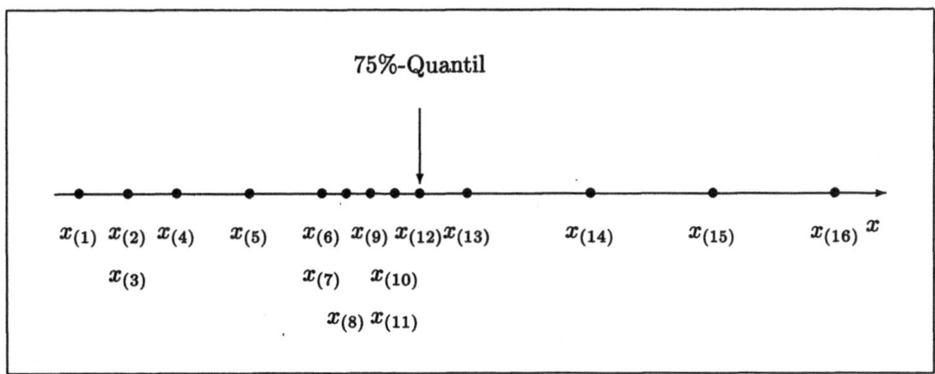

Fig. 2.17 75% - Quantil

Wichtige Quantile sind neben dem Median $\tilde{x} = x_{0.5}$ das 25%–Quantil $x_{0.25}$ und das 75%–Quantil $x_{0.75}$, die man auch als unteres bzw. oberes *Quartil* bezeichnet. Die Differenz

$$q = x_{0.75} - x_{0.25}$$

heißt *Quartilabstand*. Neben dem Quartilabstand ist auch die sogenannte *Spannweite*

$$r = x_{(n)} - x_{(1)}$$

ein einfach zu berechnendes Streuungsmaß.

Beide Größen spielen eine Rolle bei der Darstellung von Messreihen durch *Boxplots*. Hierzu werden die mittleren 50% der Messwerte, die zwischen dem unterem und dem oberen Quartil liegen, durch ein Rechteck mit dem Quartilsabstand als Länge symbolisiert, in das zusätzlich noch der Median und manchmal auch das arithmetische Mittel eingezeichnet wird. Die unteren 25% der Messwerte werden durch eine Strecke zwischen dem kleinsten Wert $x_{(1)}$ und dem unteren Quartil $x_{0.25}$ dargestellt. Entsprechend verfährt man für die oberen 25% der Daten, also diejenigen, die zwischen dem oberen Quartil $x_{0.75}$ und dem größten Wert $x_{(n)}$ liegen.

Beispiel 2.19. (Boxplot)
Für die Messreihe aus dem vorangegangenen Beispiel ergeben sich das untere Quartil, der Median und das obere Quartil zu

$$x_{0.25} = x_{(4)} = 1.1\,, \quad \tilde{x} = x_{(8)} = 1.8\,, \quad x_{0.75} = x_{(12)} = 2.1\,.$$

Insbesondere ist hier der Quartilabstand

$$q = x_{(12)} - x_{(4)} = 2.1 - 1.1 = 1\,.$$

Kleinster und größter gemessener Wert sind

$$x_{(1)} = 0.7 \quad \text{und} \quad x_{(16)} = 3.8\,,$$

so dass die Messreihe eine Spannweite von

$$r = x_{(16)} - x_{(1)} = 3.8 - 0.7 = 3.1$$

besitzt.

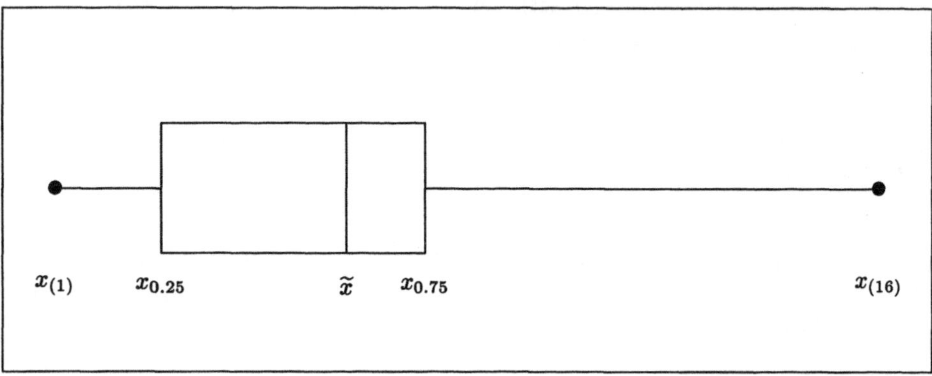

Fig. 2.18 Boxplot

Enthält eine Messreihe Ausreißer, also untypisch große, bzw. untypische kleine Messwerte, so wird die Spannweite r unverhältnismäßig groß im Vergleich zum Quartilabstand q ausfallen. Dann empfiehlt es sich, einen Boxplot für die sogenannte *ausreißerbereinigte Messreihe* zu verwenden. Üblicherweise geht man dabei so vor:

- Messwerte x_i, die mehr als den dreifachen Quartilsabstand von dem unteren Quartil oder dem oberen Quartil entfernt liegen,
  $$x_i < x_{0.25} - 3q \quad \text{oder} \quad x_i > x_{0.75} + 3q\,,$$
  werden nicht dargestellt.
- Messwerte x_i, deren Abstand von dem unteren- oder dem oberen Quartil zwischen dem dreifachen- und dem anderthalbfachen Quartilabstand liegt,
  $$x_{0.25} - 3q \leq x_i \leq x_{0.25} - 1.5q$$
  oder
  $$x_{0.75} + 1.5q \leq x_i \leq x_{0.75} + 3q\,,$$
  werden als isolierte Punkte eingezeichnet.
- Für die übrigen Messwerte x_i, also diejenigen, die weniger als den anderthalbfachen Quartilabstand von dem unteren oder dem oberen Quartil entfernt liegen,
  $$x_{0.25} - 1.5q < x_i < x_{0.75} + 1.5q\,,$$
  wird eine zusammenhängende Strecken- und Rechteckdarstellung gewählt.

Die isoliert dargestellten und die nicht eingezeichneten Messwerte werden also als Ausreißer betrachtet. Handelt es sich um eine Messreihe, die zu einer Normalverteilung passt, so werden mit diesem Verfahren ungefähr 1% der "weit draußen" liegenden Messwerte als Ausreißer klassifiziert.

Beispiel 2.20. (Ausreißerbereinigter Boxplot)
Gegeben sei die bereits geordnete Messreihe

$$0.1,\ 0.4,\ 1,\ 1.1,\ 1.1,\ 1.2,\ 1.2,\ 1.3,$$
$$1.4,\ 1.4,\ 1.4,\ 1.4,\ 1.6,\ 1.7,\ 3.7,\ 5$$

vom Umfang $n = 16$. Hier gilt

$$x_{0.25} = x_{(4)} = 1.1\,, \quad \tilde{x} = x_{(8)} = 1.3\,, \quad x_{0.75} = x_{(12)} = 1.4$$

und der Quartilabstand ergibt sich zu

$$q = x_{(12)} - x_{(4)} = 1.4 - 1.1 = 0.3\,.$$

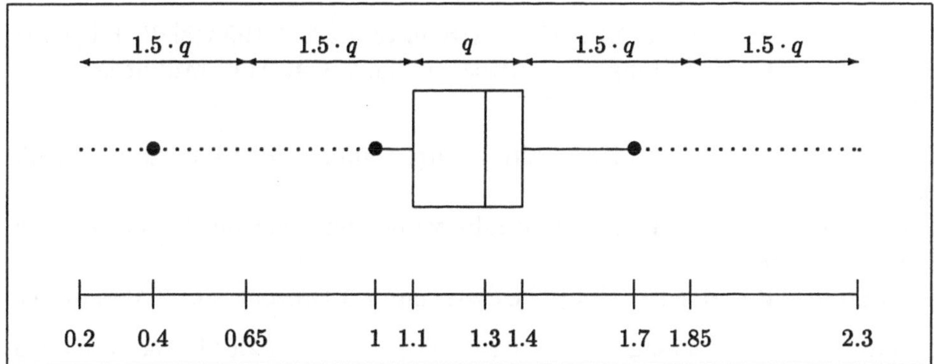

Fig. 2.19 Ausreißerbereinigter Boxplot

Nicht dargestellt werden die Werte 0.1, 3.7 und 5, da sie um mehr als den dreifachen Quartilabstand vom unteren, bzw. oberen Quartil entfernt liegen,

$$0.1\ < 0.2 = 1.1 - 0.9 = x_{0.25} - 3q\,,$$
$$3.7,\, 5\ > 2.3 = 1.4 + 0.9 = x_{0.75} + 3q\,.$$

Der Wert 0.4 wird als isolierter Punkt eingezeichnet, da er von dem unteren Quartil mehr als den dreifachen- und weniger als den anderthalbfachen Quartilabstand entfernt ist,

$$x_{0.25} - 3q = 0.2 < 0.4 < 0.65 = x_{0.25} - 1.5q\,.$$

Unter den verbliebenen Daten ist 1 der größte- und 1.7 der kleinste Messwert. Diese werden durch Strecken mit dem Rechteck verbunden, das die mittleren 50% der Messwerte symbolisiert.

3 Konzentrationsmaße

Mit Konzentrationsmaßen lassen sich folgende Fragestellungen untersuchen:

- Wie stark tragen die einzelnen Merkmalsträger mit ihrem Merkmalswert zur Summe aller Merkmalswerte (d. h. zu einem bestimmten Gesamtaufkommen) bei?
- Verteilt sich das Gesamtaufkommen gleichmäßig auf die einzelnen Merkmalsträger, oder ist es bei einigen wenigen konzentriert?

So finden sich z. B. in einem SPIEGEL-Artikel vom 22.11.1993 [8] die folgenden Angaben über die Verteilung des Privatvermögens von 9492 Milliarden Mark in Westdeutschland:

- Ein Prozent der reichsten Haushalte verfügen über 23 Prozent dieses Vermögens.
- Die oberen zehn Prozent der Haushalte vereinigen über 50 Prozent des Gesamtvermögens.
- Die untere Hälfte der Haushalte besitzen nur 2,5 Prozent dieses Vermögens.

Man kann also durchaus sagen, dass der überwiegende Teil des Privatvermögens in Westdeutschland auf einige wenige Haushalte konzentriert ist. Ein ähnliches Bild ergibt sich für die Verteilung der in Deutschland 1991 landwirtschaftlich genutzten Gesamtfläche von $17036, 7 \cdot 10^3$ ha auf die einzelnen landwirtschaftlichen Betriebe. Dem Statistischen Jahrbuch 1994 entnimmt man:

- Die größten 9 Prozent der landwirtschaftlichen Betriebe verfügen über 54 Prozent dieser Fläche.
- Ein Drittel der größten Betriebe verfügt über 83 Prozent der Fläche.
- Die untere Hälfte der Betriebe verfügt über 7 Prozent der Gesamtfläche

In beiden Fällen liegt offenbar eine Zusammenballung oder Konzentration von ökonomischen Potentialen (Vermögen, Landwirtschaftlich genutzte Fläche) auf einige wenige Wirtschaftssubjekte (Haushalte, Landwirtschaftliche Betriebe) vor. Derartige Konzentrationsphänomene sind im wirtschaftlichen Bereich häufig zu finden und wirtschaftspolitisch von großer Bedeutung (z.B. Monopolbildung).

Zu ihrer Erfassung und Beurteilung wurden in der Statistik eine Reihe graphischer Darstellungsmethoden und Konzentrationsmaße entwickelt, von denen hier im Folgenden die Lorenzkurve und der Gini Koeffizient erläutert werden sollen.

3.1   Die Lorenzkurve

Eine Möglichkeit, die Verteilung eines Gesamtaufkommens im Hinblick auf Konzentration zu untersuchen, besteht in der graphischen Methode der Lorenzkurve. Sie ist benannt nach M. O. Lorenz, der auf diese Weise die Vermögenskonzentration studierte [5]. Man geht davon aus, dass eine Messreihe

$$x_1, \ldots, x_n$$

mit nichtnegativen Werten gegeben ist und dass darunter genau k verschiedene Werte

$$y_1 < \ldots < y_k, \qquad k \leq n,$$

sind, die jeweils in der Messreihe mit den absoluten Häufigkeiten

$$H_1, \ldots, H_k$$

vorkommen. Die zugehörigen relativen Häufigkeiten ergeben sich dann wie im Abschnitt 1.2 zu

$$h_i = \frac{1}{n} H_i, \qquad i = 1, \ldots, k.$$

Die Lorenzkurve läßt sich nun folgendermaßen konstruieren:

1. Man berechnet das *Gesamtaufkommen*, d. h. die Summe aller Werte der Messreihe,
$$S = \sum_{\ell=1}^{n} x_\ell = \sum_{j=1}^{k} H_j \cdot y_j \,.$$

2. Man berechnet die relative Häufigkeit aller x-Werte in der Messreihe, die kleiner oder gleich y_i sind (*kumulierte relative Häufigkeit*),
$$h_i^* = \sum_{j=1}^{i} h_j, \qquad i = 1, \ldots, k.$$

3. Man berechnet den relativen Anteil, den diejenigen x-Werte in der Messreihe,
   die gleich y_i sind, zu der Summe S beitragen,
$$p_i = \frac{1}{S} \cdot H_i \cdot y_i, \qquad i = 1, \ldots, k.$$

4. Man berechnet den relativen Anteil, den die Summe aller x-Werte in der Messreihe, die kleiner oder gleich y_i sind, an der Summe S hat (*kumulierter relativer Anteil*),

$$p_i^* = \sum_{j=1}^{i} p_j, \qquad i = 1, \ldots, k.$$

5. Man trägt die Punkte

$$(0,0), \ (h_1^*, p_1^*), \ (h_2^*, p_2^*), \ \ldots, (h_{k-1}^*, p_{k-1}^*), \ (1,1)$$

in ein Koordinatensystem ein und verbindet alle benachbarten Punkte durch Strecken.

Der dann entstandene Polygonzug heißt *Lorenzkurve* zur Messreihe $x_1, \ldots, x_n$.

Wir erläutern dieses Vorgehen anhand der Leistung von 19 Wasserkraftwerken.

Beispiel 3.1. (Wasserkraftwerke)
Es liegen für 19 Wasserkraftwerke die folgenden Leistungsangaben $x_1, \ldots, x_{19}$ in MW vor:

0.99	0.20	0.40	0.12	1.04	72.00	0.50	0.23	3.38	22.00
1.55	0.55	1.23	0.57	0.04	0.85	1.25	16.00	0.02	

Die Gesamtleistung beträgt

$$S = \sum_{\ell=1}^{19} x_\ell = 122.92.$$

Alle x-Werte sind verschieden. Es ist also

$$k = n = 19.$$

Die y-Werte wie auch die relativen Häufigkeiten h_i^*, die relativen Anteile p_i und die relativen Anteile p_i^* sind in der folgenden Tabelle zusammengestellt.

Kraftwerke									
i	y_i	h_i^*	p_i	p_i^*	i	y_i	h_i^*	p_i	p_i^*
1	0.02	5.26%	0.02%	0.02%	11	0.99	57.89%	0.81%	3.65%
2	0.04	10.53%	0.03%	0.05%	12	1.04	63.16%	0.85%	4.50%
3	0.12	15.79%	0.10%	0.15%	13	1.23	68.42%	1.00%	5.50%
4	0.20	21.05%	0.16%	0.31%	14	1.25	73.68%	1.02%	6.52%
5	0.23	26.32%	0.19%	0.50%	15	1.55	78.95%	1.26%	7.78%
6	0.40	31.58%	0.33%	0.83%	16	3.38	84.21%	2.75%	10.53%
7	0.50	36.84%	0.41%	1.24%	17	16.00	89.47%	13.02%	23.55%
8	0.55	42.11%	0.45%	1.69%	18	22.00	94.74%	17.90%	41.45%
9	0.57	47.37%	0.46%	2.15%	19	72.00	100.0%	58.55%	100.00%
10	0.85	52.63%	0.69%	2.84%					

Als Lorenzkurve erhält man hieraus:

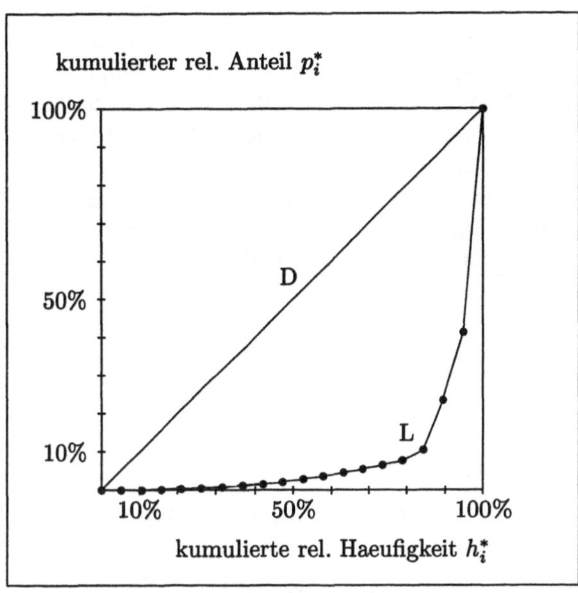

Fig. 3.1 Leistungskonzentration von 19 Wasserkraftwerken

Beurteilt man die Größe der einzelnen Wasserkraftwerke nach ihrer Leistung, so zeigt das Datenmaterial, dass die drei größten Kraftwerke, das sind ca. 16% aller Merkmalsträger, ca. 90% der Gesamtleistung erbringen. Es liegt also eine hohe Konzentration vor. Diesen Sachverhalt erkennt man bei Betrachtung der Lorenzkurve L daran, dass der Streckenzug sehr stark von der Diagonalen D des eingezeichneten Quadrats abweicht. Hohe Konzentration bedeutet hier ein größeres Risiko, da bei Störungen in einem der großen Kraftwerke ein erheblicher Teil der Gesamtleistung wegfällt, der durch die kleinen Kraftwerke nicht kompensiert werden kann.

Eine wesentlich geringere Abweichung der Lorenzkurve von der Diagonalen zeigt sich bei der Untersuchung des Verkehrsaufkommens auf den 17 größten deutschen Flughäfen im Jahr 1992:

Beispiel 3.2. (Gestartete Flugzeuge)
Die nachstehende Tabelle gibt die jeweiligen Anzahlen $x_1, \ldots, x_{17}$ der im Jahr 1992 gestarteten Flugzeuge an.

	Gestartete Flugzeuge				
ℓ	Flugplatz Nr. ℓ	x_ℓ	ℓ	Flugplatz Nr. ℓ	x_ℓ
1	Stuttgart	65000	10	Hannover	46000
2	München	96000	11	Düsseldorf	80000
3	Nürnberg	39000	12	Köln/Bonn	63000
4	Berlin-Schönefeld	20000	13	Münster-Osnabrück	24000
5	Berlin-Tegel	49000	14	Saarbrücken	12000
6	Berlin-Tempelhof	26000	15	Dresden	24000
7	Bremen	27000	16	Leipzig	22000
8	Hamburg	72000	17	Erfurt	6000
9	Frankfurt am Main	167000			

Hier ist

$$n = 17$$

und

$$S = 838000\,.$$

Bis auf die Werte $x_{13} = x_{15} = 24$ sind alle x-Werte der Messreihe verschieden. Es gilt also

$$k = n - 1 = 16\,.$$

Die y-Werte, die absoluten Häufigkeiten H_i, die relativen Häufigkeiten h_i^* und die relativen Anteile p_i, bzw. p_i^* ergeben sich zu:

	Gestartete Flugzeuge				
i	y_i	H_i	h_i^*	p_i	p_i^*
1	6	1	5.88%	0.72%	0.72%
2	12	1	11.76%	1.43%	2.15%
3	20	1	17.65%	2.39%	4.54%
4	22	1	23.53%	2.63%	7.17%
5	24	2	35.29%	5.73%	12.90%
6	26	1	41.18%	3.10%	16.00%
7	27	1	47.06%	3.22%	19.22%
8	39	1	52.94%	4.65%	23.87%
9	46	1	58.82%	5.49%	29.36%
10	49	1	64.71%	5.85%	35.21%
11	63	1	70.59%	7.52%	42.73%
12	65	1	76.47%	7.76%	50.49%
13	72	1	82.35%	8.59%	59.08%
14	80	1	88.24%	9.55%	68.63%
15	96	1	94.12%	11.46%	80.09%
16	167	1	100.0%	19.91%	100.00%

Als Lorenzkurve erhält man:

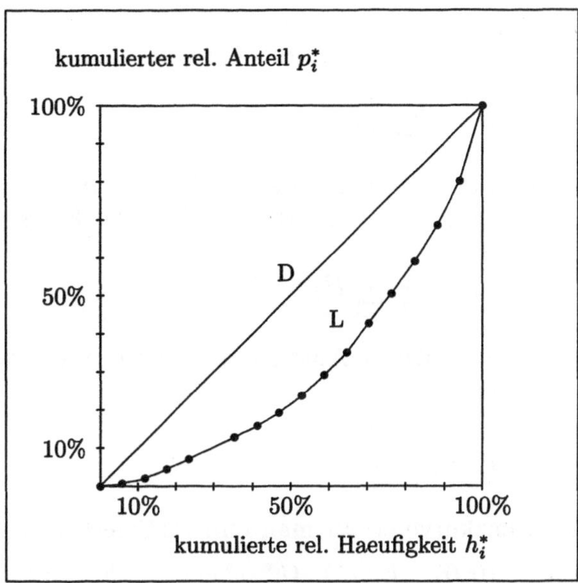

Fig. 3.2 Konzentration des Verkehrsaufkommens auf 17 Flughäfen

Man erkennt, dass die drei, gemessen an der Anzahl der Flugzeugstarts, größten
der betrachteten Flughäfen (17,6%), Frankfurt am Main, München und Düssel-
dorf, etwa 40% des Verkehrsaufkommens aufbringen. Die 8 kleinsten der betrachteten Flughäfen (47%) vereinigen dagegen etwa 19% des Verkehrsaufkommens auf sich. Die Konzentration ist hier also wesentlich geringer als im Fall
der Wasserkraftwerke.

Die Lorenzkurve L verläuft stets unterhalb der Diagonalen D des Einheitsquadrats. Sind alle Messwerte verschieden und tragen ungefähr im gleichen
Umfang zum Gesamtaufkommen S bei, so folgt aus

$$k = n, \qquad p_1 \approx \ldots \approx p_n \approx \frac{1}{n} \quad \text{und} \quad h_i = \frac{1}{n},$$

dass auch näherungsweise

$$h_i^* \approx p_i^*, \qquad i = 1, \ldots, n,$$

gilt. Dann verläuft die Lorenzkurve L in der Nähe der Diagonalen D. Wie an
den obigen Beispielen zu sehen ist, wird sie umso stärker von D abweichen, je
größer die Konzentration auf einzelne Merkmalsträger ist.

Liegen die Daten, wie meistens bei Fragen der Konzentrationsbewertung, in
klassierter Form vor und kennt man für jede der k Klassen die Summe s_i aller

Messwerte, die zur Klasse i gehören, sowie die absoluten Klassenhäufigkeiten H_i, so kann bei der Erstellung der Lorenzkurve analog zur oben beschriebenen Konstruktion verfahren werden.

Zunächst berechnet man das Gesamtaufkommen

$$S = \sum_{i=1}^{k} s_i \, .$$

Dann ermittelt man für jedes $i = 1, \ldots, k$ aus den Klassenhäufigkeiten $H_1, \ldots, H_i$ die Summe der relativen Häufigkeiten der Klassen 1 bis i,

$$h_i^* = \frac{1}{n} \sum_{j=1}^{i} H_j \, ,$$

sowie den relativen Anteil der Summe aller Werte dieser Klassen am Gesamtaufkommen S,

$$p_i^* = \frac{1}{S} \sum_{j=1}^{i} s_j \, .$$

Die Lorenzkurve erhält man nun als Streckenzug, der die Punkte

$$(0,0) \, , \; (h_1^*, p_1^*) \, , \; (h_2^*, p_2^*) \, , \; \ldots \, , \; (h_{k-1}^*, p_{k-1}^*) \, , \; (1,1)$$

verbindet.

Zur Illustration betrachten wir das bereits zu Beginn des Abschnitts 3 kurz vorgestellte Beispiel der Verteilung der 1991 in Deutschland landwirtschaftlich genutzten Gesamtfläche auf die einzelnen landwirtschaftlichen Betriebe.

Beispiel 3.3. (Landwirtschaftliche Betriebsfläche)
Die Daten liegen hier in der folgenden klassierten Form vor:

	Landwirtschaftliche Betriebsfläche		
i	Landwirtschaftlich genutzte Fläche in 1000 ha	Anzahl der Betriebe in 1000 H_i	Gesamtfläche aller Betriebe in Klasse i in 1000 s_i
1	< 2	105,0	118,0
2	$2 - 5$	103,9	344,1
3	$5 - 10$	101,4	735,2
4	$10 - 20$	122,8	1784,8
5	$20 - 30$	76,5	1882,9
6	$30 - 50$	76,3	2917,4
7	≥ 50	56,8	9254,4

Die Anzahl der Klassen beträgt also $k = 7$. Summiert man die dritte, bzw. die vierte Spalte der obigen Tabelle auf, so ergibt sich die Gesamtanzahl der landwirtschaftlichen Betriebe zu $n = 642.700$, und die gesamte landwirtschaftlich genutzte Fläche ist $S = 17036800$ ha. Mit diesen Werten erhält man:

	Landwirtschaftliche Betriebsfläche				
i	Landwirtschaftlich genutzte Fläche in 1000 ha	relative Klassenhäufigkeit $h_i = H_i/n$	relativer Anteil $p_i = s_i/S$	kumulierte rel. Häufigkeit $h_i^* = \sum_{j=1}^{i} h_j$	kumulierter rel. Anteil $p_i^* = \sum_{j=1}^{i} p_j$
1	< 2	16.34%	0.69%	16.34%	0.69%
2	$2 - 5$	16.17%	2.02%	32.51%	2.71%
3	$5 - 10$	15.78%	4.32%	48.29%	7.03%
4	$10 - 20$	19.11%	10.48%	67.40%	17.51%
5	$20 - 30$	11.90%	11.05%	79.30%	28.56%
6	$30 - 50$	11.87%	17.12%	91.17%	45.68%
7	≥ 50	8.83%	54.32%	100.00%	100.00%

Die Lorenzkurve ergibt sich zu:

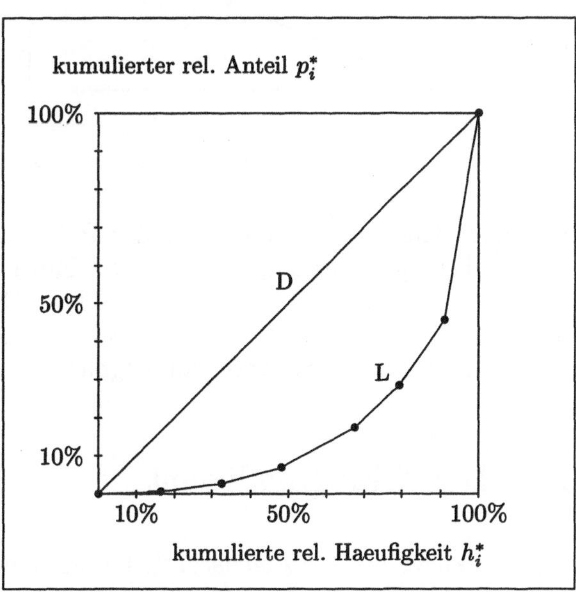

Fig. 3.3 Konzentration der landwirtschaftlichen Betriebsfläche

Bei der Verwendung von klassierten Daten beschreibt eine nach dem obigen Verfahren konstruierte Lorenzkurve L die tatsächliche Konzentration nur näherungsweise. Die auf der Grundlage der vollständigen Messreihe erstellte Lorenzkurve verläuft auch durch die Punkte $(0,0)$, $(h_1^*, p_1^*), \ldots, (h_{k-1}^*, p_{k-1}^*)$, $(1,1)$,

kann aber dazwischen stärker von der Diagonalen D abweichen. Auf Grund
der Konvexität von Lorenzkurven ist aber leicht einzusehen, dass sie immer
oberhalb des durch L bestimmten Polygonzugs M verlaufen muss.

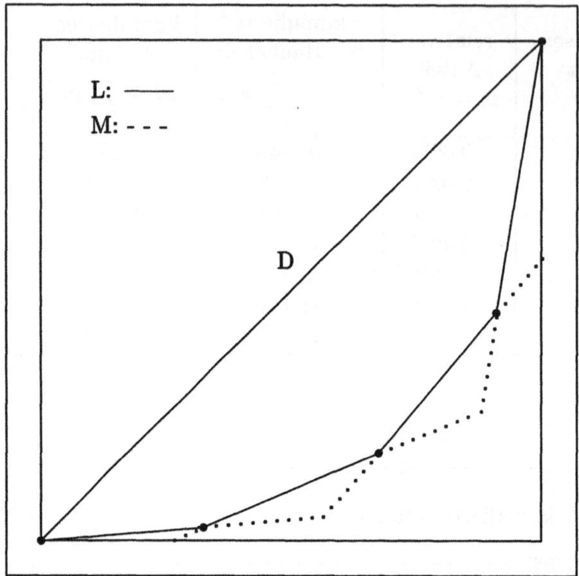

Fig. 3.4 Der durch die Lorenzkurve L bestimmte Polygonzug M

Bei feinerer Klasseneinteilung liegt der Polygonzug M näher an der Loren-
kurve L, als dies in der obigen Skizze der Fall ist, bei der die Daten aus dem
vorangegangenen Beispiel (Landwirtschaftliche Betriebsfläche) in 4 Klassen zusammengefasst wurden. Ist die Klasseneinteilung genügend fein, so wird der
Näherungsfehler praktisch vernachlässigbar.

3.2   Der Gini-Koeffizient

Die Lorenzkurve hat die Eigenschaft, bei geringer Konzentration in der Nähe
der Diagonalen D zu verlaufen, während sie bei starker Konzentration in die
Nähe der rechten unteren Ecke des Einheitsquadrats kommt:

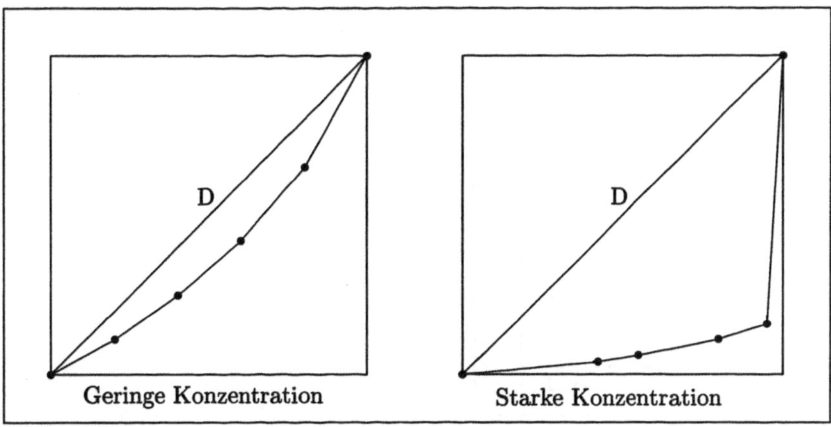

Fig. 3.5 Geringe und starke Konzentration

Der Flächeninhalt des von D und L eingeschlossenen Teils des Einheitsquadrats liegt immer zwischen 0 und 1/2. Um einen Koeffizienten zu haben, der die Extremwerte 0 und 1 annehmen kann, definiert man zunächst als Maß G für die Konzentration

$$G = 2 \cdot \text{Inhalt der Fläche zwischen } L \text{ und } D \,.$$

Dieses Konzentrationsmaß heißt *Gini–Koeffizient*. Kleine Werte entsprechen kleiner Konzentration, große Werte (nahe bei 1) deuten auf große Konzentration hin. Man stellt jedoch fest, dass

$$0 \le G \le \frac{n-1}{n}$$

gilt. Dabei ist $G = 0$, falls alle n Werte in der Messreihe gleich sind, also

$$x_1 = \cdots = x_n = \frac{S}{n} \,,$$

da sich dann als Lorenzkurve die Diagonale D ergibt. Ist dagegen das Gesamtaufkommen S in einem einzigen Wert der Beobachtungsreihe konzentriert, d. h.,

$$x_1 = \cdots = x_{n-1} = 0 \quad \text{und} \quad x_n = S \,,$$

so ist

$$k = 2 \,, \quad h_1^* = \frac{n-1}{n} \,, \quad p_1^* = 0 \,,$$

und als Lorenzkurve erhält man

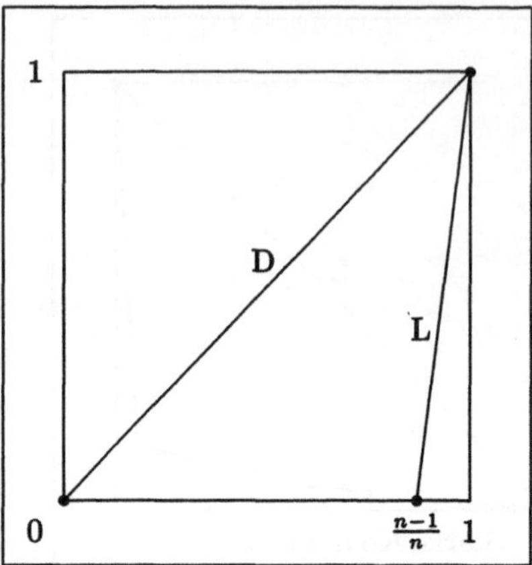

Fig. 3.6 Lorenzkurve bei größtmöglicher Konzentration

Um auch Stichproben mit unterschiedlicher Länge vergleichen zu können, betrachtet man deshalb neben dem Gini-Koeffizienten den sogenannten *normierten Gini-Koeffizienten*

$$G_{\mathrm{nor}} = \frac{n}{n-1} \cdot G \,.$$

Gehen wir wieder von den Punkten $(0,0)$, (h_1^*, p_1^*), (h_2^*, p_2^*), ..., (h_{k-1}^*, p_{k-1}^*), $(1,1)$ aus, die die Lorenzkurve bestimmen, so läßt sich der Gini–Koeffizient berechnen durch Addition der Flächeninhalte von Trapezen:

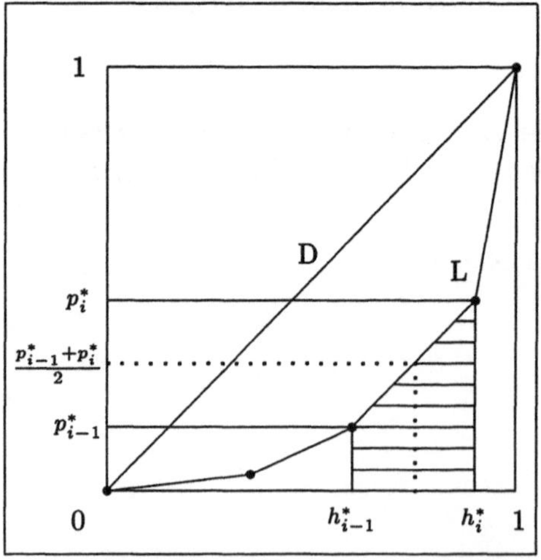

Fig. 3.7 Berechnung des Gini-Koeffizienten durch Addition von Trapezflächen

Das in der Skizze eingetragene Trapez hat den Flächeninhalt

$$(h_i^* - h_{i-1}^*) \cdot \frac{p_i^* + p_{i-1}^*}{2} \quad (\text{Breite} \cdot \text{mittlere Höhe}),$$

wobei $p_0^* = h_0^* = 0$ zu setzen ist. Also ist

$$\sum_{i=1}^{k} (h_i^* - h_{i-1}^*) \cdot \frac{p_i^* + p_{i-1}^*}{2} = \sum_{i=1}^{k} h_i \cdot \frac{p_i^* + p_{i-1}^*}{2}.$$

der Flächeninhalt des Teils des Einheitsquadrats der unterhalb der Lorenzkurve L liegt. Der Gini-Koeffizient ergibt sich somit zu

$$G = 1 - \sum_{i=1}^{k} h_i \cdot (p_i^* + p_{i-1}^*).$$

Wir illustrieren nun diese Berechnung anhand der obigen drei Beispiele.

Beispiel 3.4. (Wasserkraftwerke)

	Kraftwerke		
i	h_i	$p_i^* + p_{i-1}^*$	$h_i \cdot (p_i^* + p_{i-1}^*)$
1	0.053	0.0002	0.0000
2	0.053	0.0007	0.0000
3	0.053	0.0020	0.0001
4	0.053	0.0046	0.0002
5	0.053	0.0081	0.0004
6	0.053	0.0133	0.0007
7	0.053	0.0207	0.0011
8	0.053	0.0293	0.0015
9	0.053	0.0384	0.0020
10	0.053	0.0499	0.0026
11	0.053	0.0649	0.0034
12	0.053	0.0815	0.0043
13	0.053	0.1000	0.0052
14	0.053	0.1202	0.0063
15	0.053	0.1430	0.0075
16	0.053	0.1831	0.0096
17	0.053	0.3408	0.0179
18	0.053	0.6500	0.0342
19	0.053	1.4145	0.0744

Als Summe der letzten Spalte erhält man den Wert 0.1715 und daraus

$$G = 1 - 0.1715 = 0.8285.$$

Der normierte Gini-Koeffizient ergibt sich zu

$$G_{\text{nor}} = \frac{19}{18} \cdot G = 0.8745\,.$$

Beispiel 3.5. (Gestartete Flugzeuge)

		Gestartete Flugzeuge	
i	h_i	$p_i^* + p_{i-1}^*$	$h_i \cdot (p_i^* + p_{i-1}^*)$
1	0.0588	0.0072	0.0004
2	0.0588	0.0287	0.0017
3	0.0588	0.0669	0.0039
4	0.0588	0.1171	0.0069
5	0.1176	0.2007	0.0236
6	0.0588	0.2890	0.0170
7	0.0588	0.3522	0.0207
8	0.0588	0.4309	0.0253
9	0.0588	0.5323	0.0313
10	0.0588	0.6457	0.0380
11	0.0588	0.7794	0.0458
12	0.0588	0.9322	0.0548
13	0.0588	1.0957	0.0644
14	0.0588	1.2771	0.0751
15	0.0588	1.4872	0.0874
16	0.0588	1.8011	0.1059

Die Summe der letzten Spalten ergibt ist 0.6022 und man erhält

$$G = 1 - 0.6022 = 0.3978\,, \quad \text{sowie} \quad G_{\text{nor}} = \frac{17}{16} \cdot G = 0.4226\,.$$

Wie bereits anhand der jeweiligen Lorenzkurven zu vermuten war, ist hier die Konzentration also wesentlich geringer als bei den Kraftwerken.

Beispiel 3.6. (Landwirtschaftliche Betriebsfläche)

	Landwirtschaftliche Betriebsfläche		
i	h_i	$p_i^* + p_{i-1}^*$	$h_i \cdot (p_i^* + p_{i-1}^*)$
1	0.1634	0.0069	0.0011
2	0.1617	0.0340	0.0054
3	0.1578	0.0974	0.0153
4	0.1911	0.2454	0.0468
5	0.1190	0.4607	0.0548
6	0.1187	0.7424	0.0881
7	0.0883	1.4568	0.1286

Aufsummierung der letzten Spalte ergibt den Wert 0.3401. Also ist

$$G = 1 - 0.3401 = 0.6599$$

und wegen

$$\frac{n}{n-1} = \frac{642700}{642699} \approx 1$$

besitzt G_{nor} praktisch den gleichen Wert.

3.3 Weitere Konzentrationsmaße

Neben dem (normierten) Gini-Koeffizienten gibt es noch eine Reihe weiterer Koeffizienten, die zur Messung der *relativen Konzentration* verwendet werden. Beispielhaft erwähnt sei hier noch der sogenannte *maximale Nivellierungssatz*, der als der maximale horizontale Abstand der Lorenzkurve L von der Diagonalen D definiert ist. Dieser Koeffizient gibt denjenigen Anteil des Gesamtaufkommens S an, der umverteilt werden muss, um eine Gleichverteilung zu erhalten. Im Gegensatz zum Gini-Koeffizienten kann er auch dann noch berechnet werden, wenn, wie es häufig der Fall ist, die Messwerte erst ab einer bestimmten Mindestgröße vorliegen. Eine ausführlichere Darstellung dieses und weiterer sogenannter *Disparitätsmaße* ist z. B. in [7] und [9] zu finden.

Im Unterschied zur relativen Konzentration wird häufig auch die *absolute Konzentration* betrachtet. Hierbei wird also die Verteilung des Gesamtaufkommens S auf die einzelnen Wirtschaftssubjekte oder Merkmalsträger nicht anteilsmässig, sondern absolut untersucht. Vielfach verwendet wird insbesondere die sogenannte *Konzentrationsrate* $\mathrm{CR}(m)$, die definiert ist als derjenige Anteil am Gesamtaufkommen S, der auf die m größten Merkmalsträger entfällt, d. h.

$$\mathrm{CR}(m) = \sum_{i=n-m+1}^{n} p_i, \qquad m = 1, \ldots, n.$$

Für die oben betrachteten 19 Wasserkraftwerke ergibt sich z. B.

$$\mathrm{CR}(3) = 0.5855 + 0.1790 + 0.1302 = 0.8947,$$

und analog für das Verkehrsaufkommen auf den größten 17 deutschen Flughäfen,

$$\mathrm{CR}(3) = 0.1991 + 0.1146 + 0.0955 = 0.4092.$$

Trägt man die Konzentrationsraten $\mathrm{CR}(m)$ gegen die Anzahl m der betrachteten Merkmalsträger ab, so erhält man die sogenannte *Konzentrationskurve*. Wie im Fall der Lorenzkurve kann dann ein Konzentrationskoeffizient, der sogenannte *Rosenbluth-Index* definiert werden. Dieser Index und andere Maße der absoluten Konzentration (*Herfindahl-Index*, *Exponentialindex*, etc.) werden ausführlicher z.B. in [2], [3] und [9] diskutiert.

4 Verhältniszahlen und Indizes

Verhältniszahlen sind Quotienten statistischer Größen, wie z. B. die relative Häufigkeit k/n, die die absolute Häufigkeit k eines Wertes ins Verhältnis setzt zur Länge n der Messreihe, oder das arithmetische Mittel $\bar{x}$, bei dem die Summe aller Messwerte auf die Anzahl der Messwerte bezogen wird. Andere Beispiele sind das Pro–Kopf–Einkommen sowie Preis- und Mengenindizes, die noch ausführlich behandelt werden.

4.1 Verhältniszahlen

Bei den *Verhältniszahlen* unterscheidet man

- Gliederungszahlen
- Beziehungszahlen
- Messzahlen

Gliederungszahlen treten auf, wenn eine Gesamtheit in Teilklassen aufgeteilt wird und die prozentualen Anteile der Klassen angegeben werden, wie z. B. die

- Aufgliederung des Stromverbrauchs nach Kundengruppen
- Aufgliederung des Stromverbrauchs nach Regionen
- Aufgliederung der gesamten Brutto–Engpassleistung nach Energieträgern
- Aufgliederung der Erwerbstätigen nach Wirtschaftsbereichen
- Aufgliederung der Bevölkerung nach Altersgruppen

Zur Darstellung von Gliederungszahlen wird meistens ein Kreissektorendiagramm verwendet (vgl. Beispiel 1.7. im Abschnitt 1.4).

Beziehungszahlen liegen vor, wenn verschiedenartige Größen aufeinander bezogen werden. Beispiele hierfür sind

- Geschwindigkeit (Weg pro Zeit)
- Motorisierungsgrad (Fahrzeuge pro Person)
- Verbrauchsdichte (kWh pro km^2)

Messzahlen ergeben sich, wenn zeitlich variierende Größen auf eine Bemessungsgrundlage bezogen werden, die zu einem bestimmten Zeitpunkt ermittelt wurde. Dies ist etwa der Fall bei der

- Steigerung des Jahresumsatzes, bezogen auf ein bestimmtes Jahr
- Preissteigerung, bezogen auf ein bestimmtes Jahr
- Wertsteigerung bei Investmentanteilen, bezogen auf das Jahr der Auflegung des Fonds
- Steigerung des jährlichen Stromverbrauchs, bezogen auf 1970.

Messzahlen werden meistens dazu verwendet, die zeitliche Entwicklung einer Größe zu beschreiben und Vergleiche anzustellen. Die Bezugsbasis einer Messzahl kann auch ein Mittelwert sein, wie es beispielsweise bei der Anzahl der Arbeitslosen in einem Monat, bezogen auf den Jahresdurchschnitt der Fall ist. Wichtig ist, dass bei der Interpretation von Messzahlen die gewählte Bezugsbasis sorgfältig beachtet wird, um Fehlschlüsse zu vermeiden.

Beispiel 4.1. (Preissteigerungen)
In der nachstehenden Tabelle sind die Preisteigerungen (in %), bezogen auf das Basisjahr 1960 angegeben:

1960	1970	1980
100	160	240

Aufgrund dieser Werte könnte man zu dem Schluß kommen, dass die Preissteigerung zwischen 1970 und 1980 80% betrug. Tatsächlich lag in diesem Zeitraum aber eine Steigerungsrate von nur 50% vor, da als Bezugsbasis nun das Jahr 1970 gewählt werden muß, und

$$\frac{240 - 160}{160} = 0.5$$

ist. Es sind also jeweils die entsprechenden Quotienten zu betrachten, und nicht etwa Differenzen zwischen den Prozentzahlen.

Oft zerfällt die Gesamtmasse, auf die sich eine Verhältniszahl bezieht, in auf natürliche Weise gegebene Teilmassen. Liegt für jede dieser Teilmassen ihr Anteil an der Gesamtmasse und der Wert der entsprechenden Verhältniszahl vor, so stellt sich die Frage, ob hieraus, durch *Mittelung der auf die Teilmassen bezogenenen Verhältniszahlen* die Verhältniszahl für die Gesamtmasse berechnet werden kann.

Beispiel 4.2. (Frauenanteil)
Ein Unternehmen bestehe aus drei Werken, von denen Werk 1 die Hälfte des Personals beschäftigt, und 30% bzw. 20% der Belegschaft in Werk 2 bzw. 3

arbeiten. Der Anteil der Frauen am Personal beträgt 20% im Werk 1, 30% im Werk 2 und 40% in Werk 3.

	a_i Personalanteil	v_i Frauenanteil
Werk 1	50%	20%
Werk 2	30%	30%
Werk 3	20%	40%

Der Frauenanteil an der Gesamtheit der Beschäftigten errechnet sich nun nicht als arithmetisches Mittel der drei Frauenanteile v_1, v_2, v_3 in den einzelnen Werken, sondern als gewichtete Summe

$$v = \sum_{i=1}^{3} a_i v_i = 0.5 \cdot 0.2 + 0.3 \cdot 0.3 + 0.2 \cdot 0.4$$

zu

$$v = 27\% .$$

Die im obigen Beispiel verwendete Methode ist eine Anwendung der folgenden allgemeinen Regel: Zerfällt eine Gesamtmasse in n Teilmassen mit den relativen Anteilen $a_1, \ldots, a_n$, so berechnet sich eine auf die Gesamtmasse bezogenen Verhältniszahl v aus den entsprechenden auf die Teilmassen bezogenen Verhältniszahlen $v_1, \ldots, v_n$ gemäß der Formel

$$v = \sum_{i=1}^{n} a_i v_i .$$

Die bei der Mittelung von Verhältniszahlen verwendete gewichtete Summe zeigt die Abhhängigkeit der auf die Gesamtmasse bezogenen Verhältniszahl v von den Gewichten $a_1, \ldots, a_n$, die die Struktur der Gesamtmasse beschreiben. Eine Änderung der Verhältniszahl v kann also unter Umständen allein auf einer Änderung dieser Struktur beruhen, und damit zu folgenschweren Fehlschlüssen verleiten.

Beispiel 4.3. (Produktionsqualität)
Eine Firma produzierte im Jahr 1995 zwei verschiedene Werkstücke W_1 und W_2, deren jeweilige Produktionsanteile und Ausschussquoten in der nachstehenden Tabelle dargestellt sind.

1995	a_i Produktionsanteil	v_i Ausschußquote
W_1	80%	30%
W_2	20%	5%

Die auf die Gesamtproduktion bezogene Ausschußquote beträgt

$$
\begin{aligned}
v_{1995} &= a_1 v_1 + a_2 v_2 \\
&= 0.8 \cdot 0.3 + 0.2 \cdot 0.05 \\
&= 0.26 \, ,
\end{aligned}
$$

also 26%. Nach Anstrengungen zur Verbesserung der Fertigungsqualität wird im darauffolgenden Jahr eine Gesamtausschußquote von 19% ermittelt. Die Produktionsqualität ist anscheinend gestiegen.

Eine Analyse der Produktionsanteile und zugehörigen Ausschußquoten zeigt das folgende Bild.

1996	a_i Produktionsanteil	v_i Ausschußquote
W_1	30%	40%
W_2	70%	10%

Tatsächlich gilt

$$
v_{1996} = 0.3 \cdot 0.4 + 0.7 \cdot 0.1 = 0.19 \, ,
$$

aber die jeweiligen Ausschußquoten haben sich sogar erhöht. Die Produktionsqualität ist also in Wirklichkeit schlechter geworden. Die Verminderung der Gesamtausschußquote von 26% auf 19% ist allein auf den stark erhöhten Produktionsanteil des qualitativ besser gefertigten Werkstücks W_2, also auf die veränderte Produktionsstruktur des Unternehmens zurückzuführen.

Um die Vergleichbarkeit von Verhältniszahlen zu gewährleisten, muss somit der Einfluss der Struktur der Gesamtmasse eliminiert werden. Dies erreicht man durch die Einführung einer *Standardstruktur*, also Gewichten

$$
w_1 , \ldots , w_n \quad \text{mit} \quad \sum_{i=1}^{n} w_i = 1 \, ,
$$

die einheitlich anstelle der jeweiligen Gewichte $a_1, \ldots, a_n$ zur Berechnung der Verhältniszahl v gemäß der Formel

$$
v = \sum_{i=1}^{n} w_i \cdot a_i
$$

verwendet werden. Diese sogenannte *Standardisierung* soll anhand der folgenden beiden Beispiele näher erläutert werden.

Beispiel 4.4. (Sterblichkeit)

Im Statistischen Jahrbuch findet man Angaben über die Sterblichkeit in den einzelnen Altersgruppen der männlichen Bevölkerung. Es sollen die Jahre 1970 und 1984 verglichen werden. Zu erwarten ist, dass wegen des Fortschritts in

der Medizin die Sterblichkeit 1984 im Vergleich zu 1970 geringer geworden ist.
Wir betrachten zunächst die Sterbeziffern des Jahres 1970:

		Sterblichkeit der männlichen Bevölkerung 1970			
i	Alter	durchschnittl. männl. Bevölkerung (in 1000)	relativer Anteil a_i	Anzahl Gestorbene (in 1000)	Sterbeziffer v_i (in %)
1	0 – 1	477.8	0.017	12.661	2.65
2	1 – 5	1847.2	0.064	2.109	0.11
3	5 – 10	2431.7	0.085	1.521	0.06
4	10 – 15	2208.1	0.077	1.124	0.05
5	15 – 20	2064.6	0.072	3.097	0.15
6	20 – 25	1872.3	0.065	3.370	0.18
7	25 – 30	2236.2	0.078	3.578	0.16
8	30 – 35	2619.8	0.091	4.978	0.19
9	35 – 40	2063.7	0.072	5.159	0.25
10	40 – 45	1932.1	0.067	7.149	0.37
11	45 – 50	1649.7	0.058	9.733	0.59
12	50 – 55	1065.5	0.037	9.803	0.92
13	55 – 60	1582.7	0.055	24.215	1.53
14	60 – 65	1561.6	0.055	41.539	2.66
15	65 – 70	1378.4	0.048	61.339	4.45
16	70 – 75	826.0	0.029	57.077	6.91
17	75 – 80	471.8	0.017	48.501	10.28
18	80 – 85	233.7	0.009	35.569	15.22
19	85 – 90	85.4	0.003	19.223	22.51
20	> 90	42.7	0.001	14.070	32.95
		28651.0	1.000	365.815	

Hier bezeichnen die Werte a_i in der vierten Spalte den Anteil der i–ten Altersgruppe an der gesamten männlichen Bevölkerung, während die Sterbeziffern v_i in der sechsten Spalte den Anteil der Gestorbenen bezogen auf die i–te Altersgruppe wiedergeben.

Die allgemeine Sterbeziffer, d. h. der Anteil der 1970 insgesamt Gestorbenen an der männlichen Gesamtbevölkerung ergibt sich zu

$$v = \frac{365.815}{28651.0} = 1.28\% \, .$$

Diesen Wert hätte man natürlich auch gemäß der Formel

$$v = \sum_{i=1}^{20} a_i v_i$$

ermitteln können.

Für das Jahr 1984 liegen die folgenden Zahlen vor:

		Sterblichkeit der männlichen Bevölkerung 1984			
i	Alter	durchschnittl. männl. Bevölkerung (in 1000)	relativer Anteil a_i	Anzahl Gestorbene (in 1000)	Sterbeziffer v_i (in %)
1	0 – 1	300.3	0.010	3.204	1.06
2	1 – 5	1237.6	0.042	0.655	0.05
3	5 – 10	1476.4	0.050	0.389	0.03
4	10 – 15	1862.9	0.064	0.465	0.02
5	15 – 20	2629.9	0.090	2.411	0.09
6	20 – 25	2670.8	0.091	3.134	0.12
7	25 – 30	2354.6	0.081	2.531	0.11
8	30 – 35	2176.7	0.075	2.752	0.13
9	35 – 40	1918.6	0.066	3.528	0.18
10	40 – 45	2336.8	0.080	6.879	0.29
11	45 – 50	2356.4	0.081	11.490	0.49
12	50 – 55	1830.7	0.063	14.877	0.81
13	55 – 60	1658.1	0.057	21.051	1.27
14	60 – 65	1326.6	0.045	27.921	2.10
15	65 – 70	796.3	0.027	25.964	3.25
16	70 – 75	1017.6	0.035	53.876	5.28
17	75 – 80	733.3	0.025	63.836	8.68
18	80 – 85	388.8	0.013	52.070	13.36
19	85 – 90	126.5	0.004	25.314	19.96
20	> 90	41.7	0.001	10.636	25.45
		29240.7	1.000	332.990	

Die allgemeine Sterbeziffer berechnet sich nun zu

$$v = \frac{332.99}{29240.7} = 1.14\%\,.$$

Es zeigt sich also, wie vermutet, dass die allgemeine Sterbeziffer im betrachteten Zeitraum von 1970 bis 1984 zurückgegangen ist, und zwar um 0.14%. Dieser Rückgang ist aber relativ gering, so dass sich die Frage stellt, ob hier ein sinnvoller Vergleich angestellt wurde.

Wie in dem vorangegangenen Beispiel hängt die Verhältniszahl v, hier die allgemeine Sterbeziffer, von der Struktur der Gesamtmasse, hier der Altersaufbau der gesamten männlichen Bevölkerung, ab. Da das Sterberisiko mit zunehmendem Alter wächst, kann also die Geringfügigkeit des Rückgangs der allgemeinen Sterbeziffer ihre Ursache in einer zugenommenen Überalterung der Bevölkerung haben. Um diese störenden Strukturunterschiede zu eliminieren, berechnet man die standardisierte Sterbeziffer für 1984 unter Zugrundelegung

des Altersaufbaus der männlichen Bevölkerung des Jahres 1970. Man bildet
also eine gewichtete Summe der Form

$$v_s = \sum_{i=1}^{20} w_i \cdot v_i \,,$$

wobei die Gewichte $w_i = a_i$ der Tabelle für 1970 und die Sterblichkeitsziffern
v_i der Tabelle für 1984 entnommen werden:

$$v_s = 0.017 \cdot 1.06\% + \ldots + 0.001 \cdot 25.45\% = 1.00\% \,.$$

Diese standardisierte Sterbeziffer $v_s = 1.00\%$ für 1984 ist nun mit der Sterbeziffer $v = 1.28\%$ des Jahres 1970 eher vergleichbar als die nichtstandardisierte, da
sie sich auf die gleiche Altersstruktur in der Bevölkerung bezieht. Die Veränderungen im Altersaufbau wurden gewissermaßen "herausgerechnet". Die Bereinigung zeigt, dass die Verringerung der Sterblichkeit doch größer war, als die
Differenz von 0.14% die sich durch die Verwendung der nichtstandardisierten
Sterbeziffer ergab. Der Rückgang der Sterblichkeit beträgt jetzt 1.28% - 1.00%
= 0.28%, also das Doppelte des ursprünglichen Wertes.

4.2   Indizes

Das gewichtete Mittel von mehreren in einem sinnvollen Zusammenhang stehenden Messzahlen bezeichnet man als *Index*. Ein sehr wichtiges Beispiel ist
der Preisindex für die Lebenshaltungskosten, bei dem die Gewichte für die
Mittelbildung entsprechend eines vorgegebenen Warenkorbs gewählt werden.
Der Preisindex wird in erster Linie dazu benutzt, Preissteigerungsraten zu ermitteln. Da verschiedene Güter des Warenkorbs unterschiedliche Preissteigerungsraten aufweisen, man jedoch an einer durchschnittlichen Rate interessiert
ist, dürfen extreme Preissteigerungsraten für selten gekaufte Güter nur geringen Einfluss auf den Index haben. Dies wird durch geeignete Gewichtung der
einzelnen Preissteigerungsraten erreicht

Beispiel 4.5. (Preisindex für Genussmittel)
Der Warenkorb bestehe aus den drei Gütern Zigaretten, Bier und Kaffee, wobei
die in der folgenden Tabelle dargestellten Preise und Verbrauchsgewohnheiten
(durchschnittliche Verbrauchsmengen) der Jahre 1950 und 1951 zugrundegelegt werden [1].

Ware	Jahr 1950		Jahr 1951	
	Preis (in DM)	Menge	Preis (in DM)	Menge
Zigaretten (in Stück)	0.1	476	0.1	553
Bier (in Liter)	0.3	37.0	0.4	47.0
Kaffee (in kg)	12.0	0.6	11.0	0.7

Man erkennt, dass sich nicht nur die Preise, sondern auch die Verbrauchsgewohnheiten verändert haben. Es ist also nicht sinnvoll, die Gesamtkosten für Genussmittel im Jahr 1950 mit denen im Jahr 1951 zu vergleichen:

$$\begin{aligned}
K_0 &= \text{Gesamtkosten in 1950} \\
&= 476 \cdot 0.1 + 37.0 \cdot 0.3 + 0.6 \cdot 12.0 \\
&= 65.90\,, \\
K_1 &= \text{Gesamtkosten in 1951} \\
&= 553 \cdot 0.1 + 47.0 \cdot 0.4 + 0.7 \cdot 11.0 \\
&= 81.80\,.
\end{aligned}$$

Da ein Teil der höheren Kosten auf veränderte Verbrauchsgewohnheiten und nicht auf Preissteigerungen zurückzuführen ist, besagt der Quotient

$$I_{0|1} = \frac{K_1}{K_0} = \frac{81.80}{65.90} = 1.24$$

lediglich, dass die Gesamtausgaben für Genussmittel im Jahr 1951 um 24% höher lagen als im Jahr 1950. Auf Preissteigerungen lässt diese Zahl keine Rückschlüsse zu. Um diese Schwierigkeit zu überwinden, kann ähnlich wie im Abschnitt 4.1 eine Standardisierung der Verbrauchsgewohnheiten vorgenommen werden, wobei entweder der alte Warenkorb, also die Verbrauchsmengen aus dem Jahr 1950, oder der neue Warenkorb, d. h. die Verbrauchsmengen aus dem Jahr 1951 verwendet werden.

Im ersten Fall ergibt sich der Preisindex für Genussmittel zu

$$I_{0|1} = \frac{\text{Kosten des alten Warenkorbs zu neuen Preisen}}{\text{Kosten des alten Warenkorbs zu alten Preisen}}$$

$$= \frac{476 \cdot 0.1 + 37.0 \cdot 0.4 + 0.6 \cdot 11.0}{476 \cdot 0.1 + 37.0 \cdot 0.3 + 0.6 \cdot 12.0}$$

$$= 1.047\,,$$

während im zweiten Fall ein Preisindex

$$I_{0|1} = \frac{\text{Kosten des neuen Warenkorbs zu neuen Preisen}}{\text{Kosten des neuen Warenkorbs zu alten Preisen}}$$

$$= \frac{553 \cdot 0.1 + 47.0 \cdot 0.4 + 0.7 \cdot 11.0}{553 \cdot 0.1 + 47.0 \cdot 0.3 + 0.7 \cdot 12.0}$$

$$= 1.051$$

ermittelt wird.

Für die betrachteten Genussmittel liegt also jeweils eine Preissteigerung von ca. 5% vor. Die beiden Index–Werte sind zwar nicht identisch, aber von der gleichen Größenordnung.

Im Allgemeinen hat man es bei der Berechnung von Preisindizes mit der folgenden Situation zu tun:

Zu zwei Zeitpunkten 0 und 1 sind für n Güter die jeweiligen Preise

$$p_1^0, , \ldots, p_n^0 \quad \text{und} \quad p_1^1, \ldots, p_n^1$$

und die jeweiligen (durchschnittlichen) Verbrauchsmengen

$$q_1^0, \ldots, q_n^0 \quad \text{und} \quad q_1^1, \ldots, q_n^1$$

gegeben.

Der *Preisindex nach Laspeyres* ist dann definiert als

$$I_{0|1}^L = \frac{\text{Gesamtkosten bei alten Mengen mit neuen Preisen}}{\text{Gesamtkosten bei alten Mengen mit alten Preisen}}$$

$$= \frac{\sum_{i=1}^n q_i^0 \cdot p_i^1}{\sum_{i=1}^n q_i^0 \cdot p_i^0},$$

während der *Preisindex nach Paasche* die Form

$$I_{0|1}^P = \frac{\text{Gesamtkosten bei neuen Mengen mit neuen Preisen}}{\text{Gesamtkosten bei neuen Mengen mit alten Preisen}}$$

$$= \frac{\sum_{i=1}^n q_i^1 \cdot p_i^1}{\sum_{i=1}^n q_i^1 \cdot p_i^0}$$

besitzt. Die beiden Preisindizes unterscheiden sich also lediglich darin, dass bei ihrer Berechnung entweder der Verbrauch zum Zeitpunkt 0 (Laspeyres) oder der Verbrauch zum Zeitpunkt 1 (Paasche) als Basis für den Preisvergleich gewählt werden.

Setzt man

$$w_i^L = \frac{q_i^0 \cdot p_i^0}{\sum_{j=1}^n q_j^0 \cdot p_j^0} \quad \text{und} \quad w_i^P = \frac{q_i^1 \cdot p_i^0}{\sum_{j=1}^n q_j^1 \cdot p_j^0}$$

für $i = 1, \ldots, n$, so können beide Preisindizes als eine gewichtete Summe der Preissteigerungsraten der einzelnen Güter

$$\frac{p_1^1}{p_1^0} , \; \ldots , \; \frac{p_n^1}{p_n^0}$$

geschrieben werden:

$$I_{0|1}^L = \frac{\sum_{i=1}^n q_i^0 \cdot p_i^1}{\sum_{i=1}^n q_i^0 \cdot p_i^0} = \sum_{i=1}^n \frac{q_i^0 \cdot p_i^0}{\sum_{j=1}^n q_j^0 \cdot p_j^0} \cdot \frac{p_i^1}{p_i^0} = \sum_{i=1}^n w_i^L \cdot \frac{p_i^1}{p_i^0}$$

$$I_{0|1}^P = \frac{\sum_{i=1}^n q_i^1 \cdot p_i^1}{\sum_{i=1}^n q_i^1 \cdot p_i^0} = \sum_{i=1}^n \frac{q_i^1 \cdot p_i^0}{\sum_{j=1}^n q_j^1 \cdot p_j^0} \cdot \frac{p_i^1}{p_i^0} = \sum_{i=1}^n w_i^P \cdot \frac{p_i^1}{p_i^0}$$

Die Preisindizes von Laspeyres und Paasche sind somit als Standardisierung der einzelnen Preissteigerungsraten aufzufassen, wobei im 1. Fall die Standardstruktur

$$w_1^L , \; \ldots , \; w_n^L$$

durch die Mengen und Preise zum Zeitpunkt 0 gegeben ist, während im 2. Fall die Standardstruktur

$$w_1^P , \; \ldots , \; w_n^P$$

mit den Mengen zum Zeitpunkt 1 und den Preisen zum Zeitpunkt 0 definiert wird.

Das obige Beispiel 4.5. zeigt, dass die beiden Berechnungsformeln für Preisindizes zu unterschiedlichen Werten führen können. Diese haben jedoch eine größere Aussagekraft als zum Beispiel das arithmetische Mittel aus den einzelnen Preissteigerungsraten.

Indizes werden meistens dazu benutzt, um Preissteigerungsraten zu ermitteln. Neben den Preissteigerungsraten für die Lebenshaltungskosten lassen sich auch andere Indizes definieren, so wie im folgenden Beispiel ein Strompreisindex, der es gestattet, eine durchschnittliche Erhöhung der Strompreise zu bestimmen. Die Rolle des Warenkorbs spielt dabei der Stromtarif, der sich nach dem Jahresverbrauch pro Zähler richtet. Die Anwendung eines Strompreisindex ist insbesondere dann von Interesse, wenn in der Berichtsperiode ein neuer Tarif mit veränderten Tarifklassen und veränderten Preisen eingeführt wird. Wie man dann bei der Beurteilung der Preissteigerungen vorgehen kann, zeigt folgendes Beispiel.

Beispiel 4.6. (Strompreisindex)
Für den Bereich Gewerbe sind nachstehend für die Jahre 1989 und 1990 Verbrauch und Tarif in den einzelnen Jahresstromverbrauchsklassen angegeben.

i	Jahresstromverbrauch pro Zähler	Gesamtstromverbrauch in Klasse i (in MWh)		Preis (in Pf/KWh)	
		1989 q_i^0	1990 q_i^1	1989 p_i^0	1990 p_i^1
1	0 – 3000	6441	6828	50.2	53.3
2	3000 – 6000	9327	9887	43.5	41.3
3	6000 – 9000	7907	8382	40.0	38.4
4	9000 – 12000	5997	6297	38.8	35.5
5	12000 – 18000	8962	9320	35.6	32.7
6	18000 – 24000	6785	7056	34.2	31.1
7	24000 – 30000	6576	6773	32.7	30.2
8	30000 – 45000	10104	10407	30.2	29.3
9	45000 – 60000	5181	5285	28.6	28.6
10	60000 – 90000	5314	5420	28.4	28.1
11	> 90000	6196	6320	23.2	27.5
		78790	81975		

Zur Ermittlung der beiden Strompreisindizes werden zunächst die Preissteigerungsraten für die einzelnen Stromverbrauchsklassen und die jeweiligen Standardstrukturen bestimmt.

i	p_i^1/p_i^0	$q_i^0 \cdot p_i^0$ (in 1000 DM)	$q_i^1 \cdot p_i^0$ (in 1000 DM)	$\dfrac{q_i^0 \cdot p_i^0}{\sum_{j=1}^{11} q_j^0 \cdot p_j^0} = w_i^L$ Standardstruktur	$\dfrac{q_i^1 \cdot p_i^0}{\sum_{j=1}^{11} q_j^1 \cdot p_j^0} = w_i^P$ Standardstruktur
1	1.062	3233	3427	0.116	0.119
2	0.949	4057	4300	0.145	0.148
3	0.960	3162	3352	0.113	0.115
4	0.915	2326	2443	0.083	0.084
5	0.919	3190	3317	0.114	0.114
6	0.909	2320	2413	0.083	0.083
7	0.924	2150	2214	0.077	0.076
8	0.970	3051	3142	0.109	0.107
9	1.000	1481	1511	0.053	0.051
10	0.989	1509	1539	0.055	0.053
11	1.185	1437	1466	0.052	0.050
		27916	29124	1.000	1.000

Für den Strompreisindex nach Laspeyres ergibt sich hieraus

$$
\begin{aligned}
I_{0|1}^L &= \sum_{i=1}^{11} w_i^L \cdot \frac{p_i^1}{p_i^0} \\
&= 1.062 \cdot 0.116 + \ldots + 1.185 \cdot 0.052 \\
&= 0.971 \, .
\end{aligned}
$$

Der Strompreisindex nach Paasche ist

$$
\begin{aligned}
I_{0|1}^{P} &= \sum_{i=1}^{11} w_i^{P} \cdot \frac{p_i^1}{p_i^0} \\
&= 1.062 \cdot 0.119 + \ldots + 1.185 \cdot 0.050 \\
&= 0.971 \, .
\end{aligned}
$$

Indexwerte und Messzahlen beziehen sich stets auf eine sogenannte *Basisperiode*, die meist durch 0 gekennzeichnet wird. Man bezeichnet daher die Indexwerte für verschiedene Berichtsperioden $1, 2, 3, \ldots$ mit

$$
I_{0|1} \, , \; I_{0|2} \, , \; I_{0|3} \, , \; \ldots
$$

Beispiel 4.7. (Personalbestand)
In der folgenden Tabelle ist die Änderung des Personalbestandes eines Unternehmens für den Zeitraum 1970 bis 1980 festgehalten. Als Basisperiode wurde das Jahr 1970 gewählt. Die angegebenen Indizes wurden also gemäß der Formel

$$
I_{0|i} = \frac{\text{Personalbestand im Jahr 1970+i}}{\text{Personalbestand im Jahr 1970}}
$$

ermittelt.

1970	1971	1972	1973	1974	1975	1976	1977	1978	1979	1980
1.00	1.03	1.12	1.16	1.08	1.10	1.13	1.17	1.20	1.30	1.32
$I_{0|0}$	$I_{0|1}$	$I_{0|2}$	$I_{0|3}$	$I_{0|4}$	$I_{0|5}$	$I_{0|6}$	$I_{0|7}$	$I_{0|8}$	$I_{0|9}$	$I_{0|10}$

Sollen die Werte auf das Jahr 1975 als Basisperiode bezogen werden, so geht man über zu der Reihe

$$
I_{5|0} \, , \; \ldots \, , \; I_{5|10} \, ,
$$

die sich aus der ursprünglichen Reihe durch die Rechnung

$$
I_{5|i} = \frac{I_{0|i}}{I_{0|5}}
$$

ergibt. Man erhält

1970	1971	1972	1973	1974	1975	1976	1977	1978	1979	1980
0.91	0.94	1.02	1.05	0.98	1.00	1.03	1.06	1.09	1.18	1.20
$I_{5|0}$	$I_{5|1}$	$I_{5|2}$	$I_{5|3}$	$I_{5|4}$	$I_{5|5}$	$I_{5|6}$	$I_{5|7}$	$I_{5|8}$	$I_{5|9}$	$I_{5|10}$

Das im obigen Beispiel 4.7. erläuterte Umrechnen von Indexwerten auf eine neue Basis nennt man *Umbasieren*. Allgemein gilt beim Übergang zu einer neuen Basisperiode k

$$I_{k|i} = \frac{I_{0|i}}{I_{0|k}},$$

wobei nun $I_{k|i}$ die Steigerung in der $i-$ten Periode bezogen auf die $k-$te Periode (als neue Basisperiode) bezeichnet.

Beispiel 4.8. (Preisindex für Wohngebäude)
Im Statistischen Jahrbuch 1989 sind die Preisindizes für Wohngebäude im Zeitraum 1970 bis 1988 bezogen auf das Jahr 1980. Wird als neues Basisperiode das Jahr 1970 gewählt, so ergeben sich die umbasierten Indizes nach Division durch den zu 1970 gehörigen Preisindex von 0.52.

Preisindizes für Wohngebäude		
Jahr	Basisjahr 1980	Basisjahr 1970
1970	0.520	1.000
1971	0.573	1.102
1972	0.612	1.177
1973	0.657	1.263
1974	0.705	1.356
1975	0.721	1.387
1976	0.746	1.435
1977	0.782	1.504
1978	0.831	1.598
1979	0.904	1.738
1980	1.000	1.923
1981	1.059	2.037
1982	1.089	2.094
1983	1.112	2.138
1984	1.140	2.192
1985	1.145	2.202
1986	1.162	2.235
1987	1.186	2.281
1988	1.212	2.331

In vielen Situationen sind Steigerungsraten stets auf das Vorjahr bezogen, d. h., es liegt eine Reihe der Form

$$I_{0|1}, \ I_{1|2}, \ I_{2|3}, \ \ldots$$

vor. Will man dann die Steigerungsrate über mehrere Jahre hinweg berechnen,
so sind die einzelnen Indizes zu multiplizieren:

$$I_{0|i} = I_{0|1} \cdot I_{1|2} \cdot \ldots \cdot I_{i-1|i}.$$

Diese, auf Produktbildung der Indizes beruhende Berechnungsart wird als *Verkettung* bezeichnet.

Beispiel 4.9. (Bevölkerungsentwicklung)
Die nachstehende Tabelle zeigt die Änderung der Bevölkerungszahl der ehemaligen Bundesrepublik Deutschland, jeweils bezogen auf das Vorjahr, im Zeitraum 1971 bis 1980.

Jahr	Bevölkerungszuwachs bezüglich Vorjahr	
1971	1.0082	$I_{0|1}$
1972	1.0049	$I_{1|2}$
1973	1.0047	$I_{2|3}$
1974	0.9982	$I_{3|4}$
1975	0.9944	$I_{4|5}$
1976	0.9967	$I_{5|6}$
1977	0.9985	$I_{6|7}$
1978	0.9995	$I_{7|8}$
1979	1.0019	$I_{8|9}$
1980	1.0036	$I_{9|10}$

Möchte man jetzt die Bevölkerung des Jahres 1980 in % der Bevölkerung des Jahres 1970 berechnen, so hat man nach der obigen Formel das Produkt

$$\begin{aligned} I_{0|10} &= I_{0|1} \cdot I_{1|2} \cdot \ldots \cdot I_{9|10} \\ &= 1.0082 \cdot 1.0049 \cdot \ldots \cdot 1.0036 \\ &= 1.0106 \end{aligned}$$

zu bilden. Das Ergebnis besagt, dass die Bevölkerung im Jahrzehnt von 1970 bis 1980 nur geringfügig, nämlich um 1.06%, gewachsen ist. Der entsprechende Wert für das Jahrzehnt von 1960 bis 1970 ist 9.01%. Wird jetzt das Jahr 1960 als Basisperiode gewählt, so erhält man daraus

$$I_{0|10} = 1.0901 \quad \text{sowie} \quad I_{10|20} = 1.0106$$

und damit

$$I_{0|20} = I_{0|10} \cdot I_{10|20} = 1.1017.$$

Dies wiederum bedeutet, dass die Bevölkerung in den beiden Jahrzehnten um insgesamt 10.17% gewachsen ist.

Manchmal liegen zwei, auf verschiedene Basisperioden bezogene Reihen von Indexwerten vor,

$$I_{0|1}\,,\,\ldots\,,\,I_{0|n} \quad \text{und} \quad I_{n|n+1}\,,\,\ldots\,,\,I_{n|n+m}\,,$$

die man zu einer einzigen Reihe zusammenfassen möchte. Dies geschieht durch das sogenannte *Verknüpfen* der beiden Reihen gemäß

$$I_{0|k} = I_{0|n} \cdot I_{n|k}\,, \qquad k = n+1\,,\,\ldots\,,\,n+m\,.$$

Die erste Reihe wird also bei diesem Verfahren gewissermaßen 'verlängert'.

Beispiel 4.10. (Preisindex für die Lebenshaltung)
Für die Preisindizes der Lebenshaltungkosten im Zeitraum 1970 bis 1988 wurde für die ersten zehn Jahre das Basisjahr 1970, und für die verbleibenden acht Jahre das Basisjahr 1980 gewählt.

Basisjahr 1970		Basisjahr 1980	
1970	1.000	1980	1.000
1971	1.050	1981	1.063
1972	1.107	1982	1.120
1973	1.182	1983	1.156
1974	1.263	1984	1.184
1975	1.339	1985	1.209
1976	1.399	1986	1.207
1977	1.447	1987	1.208
1978	1.485	1988	1.220
1979	1.540		
1980	1.621		

Als 'Verlängerung' der ersten Reihe ergibt sich dann für die Zeit von 1980 an nach der obigen Formel

$$I_{0|k} = I_{0|10} \cdot I_{10|k}\,, \qquad k = 11\,,\,12\,,\,\ldots$$

die Reihe

Basisjahr 1970								
1980	1981	1982	1983	1984	1985	1986	1987	1988
1.621	1.723	1.816	1.874	1.919	1.960	1.957	1.958	1.978

Das folgende Beispiel zeigt, dass zwei Reihen von Indizes auch dann verknüpft werden können, wenn eine der beiden Basisperioden nicht bekannt ist.

Beispiel 4.11. (Bruttomonatsverdienst)
Nachstehend finden sich die Indizes der durchschnittlichen Bruttomonatsverdienste von Angestellten im Zeitraum 1972 bis 1988.

Basisjahr 1975		Basisjahr Unbekannt	
1972	0.761	1983	1.137
1973	0.837	1984	1.174
1974	0.925	1985	1.219
1975	1.000	1986	1.260
1976	1.064	1987	1.306
1977	1.137	1988	1.352
1978	1.202		
1979	1.276		
1980	1.366		
1981	1.434		
1982	1.504		
1983	1.553		

Die Indizes für den Zeitraum 1972 bis 1983 beziehen sich auf das Basisjahr 1975; für den Zeitraum 1983 bis 1988 ist kein Basisjahr angegeben. Ziel ist die Herstellung einer gemeinsamen Reihe bezogen auf das Jahr 1972.

Dazu wird zunächst die zweite Reihe auf das Basisjahr 1983 umbasiert, indem durch den zugehörigen Index von 1.137 dividiert. Es ergibt sich für die Jahre 1983 bis 1988:

Basisjahr 1983					
1983	1984	1985	1986	1987	1988
1.000	1.033	1.072	1.108	1.149	1.189

Nun wird diese Reihe mit der Reihe der Indizes für den Zeitraum 1972 bis 1983 aus der ersten Tabelle durch Multiplikation mit dem Index 1.553 für 1983 verknüpft. Man erhält:

Basisjahr 1975					
1983	1984	1985	1986	1987	1988
1.553	1.604	1.665	1.721	1.784	1.847

Abschließend wird die jetzt vorhandene Reihe von 1972 bis 1988 auf das Jahr 1972 umbasiert, indem durch den Index 0.761 für das Jahr 1972 dividiert wird:

Basisjahr 1972	
1972	1.000
1973	1.100
1974	1.216
1975	1.314
1976	1.398
1977	1.494
1978	1.580
1979	1.677
1980	1.795
1981	1.884
1982	1.976
1983	2.041
1984	2.108
1985	2.188
1986	2.261
1987	2.344
1988	2.427

5   Korrelationsrechnung

Korrelationskoeffizienten sind Maßzahlen, die Abhängigkeiten zwischen Merkmalen beschreiben. Sie lassen sich anwenden, wenn an den Merkmalsträgern gleichzeitig zwei verschiedene (quantitative) Merkmale ermittelt werden. Im Unterschied zu den bisherigen Überlegungen, bei denen einzelne Merkmale betrachtet wurden, treten also jetzt Paare von Messwerten auf, die zu zweidimensionalen Messreihen

$$(x_1, y_1), \ldots, (x_n, y_n)$$

zusammengefasst werden. Dabei entspricht das i-te Zahlenpaar den Ausprägungen der beiden Merkmale, die am i-ten Merkmalsträger ermittelt wurden.

5.1   Pearsonscher Korrelationskoeffizient

Die einfachste Form der Abhängigkeit zwischen zwei Merkmalen x und y besteht in einem linearen Zusammenhang der Form

$$y = a \cdot x + b.$$

Liegt solch eine Beziehung zumindest näherungsweise vor, so sollten auch die gemessenen Merkmalsausprägungen $(x_1, y_1), \ldots, (x_n, y_n)$ annähernd auf der Geraden mit Steigung a und y-Achsenabschnitt b liegen, d. h.,

$$y_i \approx a \cdot x_i + b, \qquad i = 1, \ldots, n.$$

Für die Abweichungen der einzelnen Werte x_i und y_i von ihren arithmetischen Mitteln $\bar{x}$ bzw. $\bar{y}$ ergibt sich dann

$$
\begin{aligned}
y_i - \bar{y} &= y_i - \frac{1}{n} \sum_{j=1}^{n} y_j \\[2mm]
&\approx a \cdot x_i + b - \frac{1}{n} \sum_{j=1}^{n} (a \cdot x_j + b) \\[2mm]
&= a \cdot x_i + b - a \cdot \frac{1}{n} \sum_{j=1}^{n} x_j - \frac{1}{n} \cdot n \cdot b
\end{aligned}
$$

$$= a \cdot (x_i - \bar{x}) ,$$

und somit

$$(x_i - \bar{x}) \cdot (y_i - \bar{y}) \approx a \cdot (x_i - \bar{x})^2 , \qquad i = 1 , \ldots , n .$$

Um zu überprüfen, wie stark das vorliegende Datenmaterial die Annahme einer linearen Abhängigkeit stützt, liegt es also nahe, die Summe

$$\sum_{i=1}^{n} (x_i - \bar{x}) \cdot (y_i - \bar{y})$$

zu betrachten, die bei positiver Steigung a positiv, und bei negativer Steigung a negativ sein sollte. Allerdings hängt diese Größe sowohl von der Anzahl n der gemessenen Wertepaare, als auch von den verwendeten Einheiten ab, so dass noch eine geeignete Normierung vorgenommen werden muß. Dies führt auf die Maßzahl

$$r = \frac{\sum_{i=1}^{n} (x_i - \bar{x}) \cdot (y_i - \bar{y})}{\sqrt{\sum_{i=1}^{n} (x_i - \bar{x})^2} \cdot \sqrt{\sum_{i=1}^{n} (y_i - \bar{y})^2}} ,$$

die als (*Pearsonscher*) *Korrelationskoeffizient* bezeichnet wird.

Beispiel 5.1. (Blutdruck und Lebensalter)
Bei 30 gesunden Männern wurde der systolische Blutdruck (in mbar) gemessen mit dem Ziel, Zusammenhänge zwischen Blutdruck und Lebensalter (in Jahren) zu erkennen. Die Ergebnisse sind in der folgenden Tabelle festgehalten.

i	Lebensalter x_i	Blutdruck y_i	i	Lebensalter x_i	Blutdruck y_i
1	16	110	16	48	196
2	25	123	17	19	124
3	42	144	18	41	123
4	52	174	19	58	175
5	45	131	20	67	183
6	36	109	21	37	117
7	57	153	22	21	116
8	63	185	23	38	146
9	28	127	24	66	193
10	36	135	25	46	142
11	43	158	26	48	127
12	48	149	27	23	118
13	52	163	28	42	128
14	67	175	29	63	168
15	69	195	30	45	136

Die zweidimensionale Messreihe $(x_1, y_1), \ldots, (x_n, y_n)$ ist in diesem Fall durch die Folge von Zahlenpaaren $(16, 110), (25, 123), \ldots, (45, 136)$ gegeben. Solche Messreihen werden meistens in einem *Punktediagramm* dargestellt.

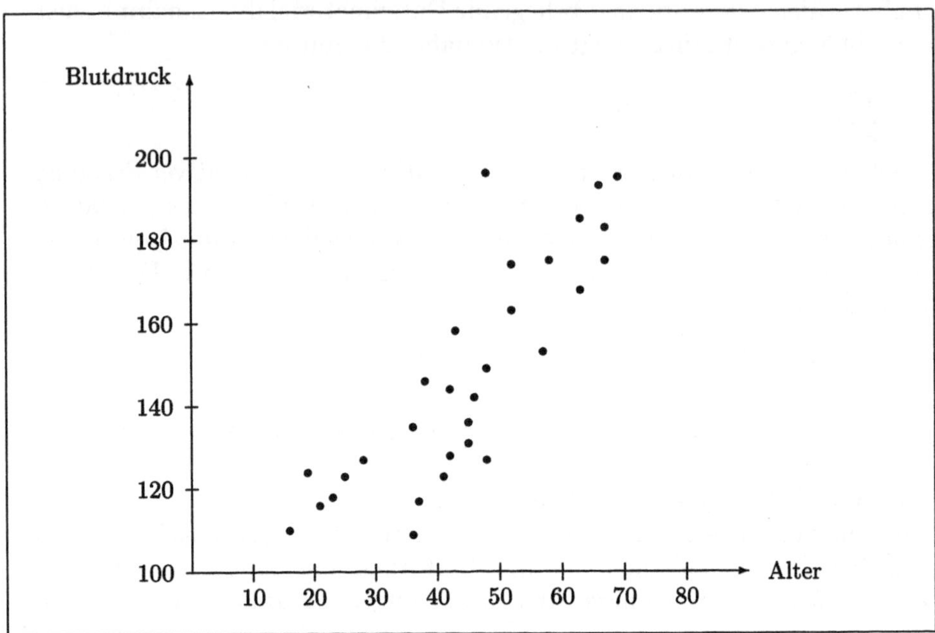

Fig. 5.1 Blutdruck/Alter - Punktediagramm

Man erkennt, dass mit zunehmendem Alter auch mit einem höheren Blutdruck zu rechnen ist. Man kann jedoch nicht sagen: "Je höher das Alter, desto höher der Blutdruck". Es gibt nämlich durchaus Beispiele, die das widerlegen. Betrachtet man etwa die Personen 11 und 12, so gilt

$$x_{11} = 43 < 48 = x_{12} \quad , \quad \text{aber} \quad y_{11} = 158 > 149 = y_{12} \, .$$

In der Tendenz stimmt die Aussage natürlich. Das Punktediagramm weist sogar auf einen (näherungsweisen) linearen Zusammenhang

$$\text{Blutdruck} = a \cdot \text{Alter} + b$$

mit positiver Steigung a hin. Man kann nun den Pearsonschen Korrelationskoeffizienten berechnen, um die Stärke dieser Tendenz zu erfassen.

Die arithmetischen Mittel der Blutdruck- und der Alterswerte ermitteln sich zu

$$\bar{x} = \frac{1}{30} \cdot (16 + 25 + \ldots + 45) = 44.7 \quad \text{(Durchschnittsalter)}$$

und

$$\bar{y} = \frac{1}{30} \cdot (110 + 123 + \ldots + 136) = 147.4 \quad \text{(durchschnittl. Blutdr.)}.$$

Nun werden die in der nachstehenden Tabelle dargestellten Berechnungen durchgeführt.

i	$x_i - \bar{x}$	$y_i - \bar{y}$	$(x_i - \bar{x}) \cdot (y_i - \bar{y})$	$(x_i - \bar{x})^2$	$(y_i - \bar{y})^2$
1	-28.7	-37.4	1073.38	823.69	1398.76
2	-19.7	-24.4	480.68	388.09	595.36
3	-2.7	-3.4	9.18	7.29	11.56
4	7.3	26.6	194.18	53.29	707.56
5	0.3	-16.4	-4.92	0.09	268.96
6	-8.7	-38.4	334.08	75.69	1474.56
7	12.3	5.6	68.88	151.29	31.36
8	18.3	37.6	688.08	334.89	1413.76
9	-16.7	-20.4	340.68	278.89	416.16
10	-8.7	-12.4	107.88	75.69	153.76
11	-1.7	10.6	-18.02	2.89	112.36
12	3.3	1.6	5.28	10.89	2.56
13	7.3	15.6	113.88	53.29	243.36
14	22.3	27.6	615.48	497.29	761.76
15	24.3	47.6	1156.68	590.49	2265.76
16	3.3	48.6	160.38	10.89	2361.96
17	-25.7	-23.4	601.38	660.49	547.56
18	-3.7	-24.4	90.28	13.69	595.36
19	13.3	27.6	367.08	176.89	761.76
20	22.3	35.6	793.88	497.29	1267.36
21	-7.7	-30.4	234.08	59.29	924.16
22	-23.7	-31.4	744.18	561.69	985.96
23	-6.7	-1.4	9.38	44.89	1.96
24	21.3	45.6	971.28	453.69	2079.36
25	1.3	-5.4	-7.02	1.69	29.16
26	3.3	-20.4	-67.32	10.89	416.16
27	-21.7	-29.4	637.98	470.89	864.36
28	-2.7	-19.4	52.38	7.29	376.36
29	18.3	20.6	376.98	334.89	424.36
30	0.3	-11.4	-3.42	0.09	129.96
Summe			10126.90	6648.30	21623.40

Es ergibt sich

$$r = \frac{10126.90}{\sqrt{6648.30 \cdot 21623.40}} = 0.8446.$$

Durch Erweiterung mit dem Faktor $1/(n-1)$ kann der Korrelationskoeffizient umgeformt werden zu:

$$r \;=\; \frac{\frac{1}{n-1}\sum_{i=1}^{n}(x_i-\overline{x})\cdot(y_i-\overline{y})}{\sqrt{\frac{1}{n-1}\sum_{i=1}^{n}(x_i-\overline{x})^2}\cdot\sqrt{\frac{1}{n-1}\sum_{i=1}^{n}(y_i-\overline{y})^2}}$$

$$=\; \frac{1}{n-1}\sum_{i=1}^{n}\frac{(x_i-\overline{x})}{s_x}\cdot\frac{(y_i-\overline{y})}{s_y}\,,$$

wobei s_x und s_y die Standardabweichungen der x- bzw. y–Werte bezeichnen (vgl. Abschnitt 2.2). Man erkennt, dass die Abweichungen der Merkmalsausprägungen von ihrem arithmetischen Mittel, $x_i-\overline{x}$ und $y_i-\overline{y}$ auf ihre jeweilige Standardabweichung s_x bzw. s_y bezogen werden. Durch diese Normierung wird erreicht, dass sich für den Korrelationskoeffizienten stets Werte zwischen -1 und 1 ergeben. Es gilt also

$$-1 \leq r \leq 1\,.$$

Dabei werden die Werte -1 und 1 nur dann angenommen, wenn ein "totaler" linearer Zusammenhang der Form

$$y_i = a\cdot x_i + b\,, \qquad i = 1,\ldots,n\,,$$

mit einer von Null verschiedenen Steigung a besteht. Die (x,y)-Werte liegen dann also alle auf einer Geraden, die weder parallel zur x-Achse noch parallel zur y-Achse verläuft. In diesem Fall gilt

$$r = \begin{cases} -1 & \text{für } a < 0 \\ 1 & \text{für } a > 0 \end{cases}$$

Ein Wert des Korrelationskoeffizienten r, der nahe bei 1 oder -1 liegt, wie im obigen Beispiel, ist deshalb ein Indiz für einen linearen Zusammenhang der beiden Merkmale.

In Abhängigkeit des Vorzeichens von r spricht man von *positiver* bzw. *negativer Korrelation*. Ist $r = 0$, so bezeichnet man die Merkmale als *unkorreliert*.

Die nachstehende Abbildung illustriert diese Eigenschaften anhand der Punktediagramme von jeweils 20 x- und y-Werten.

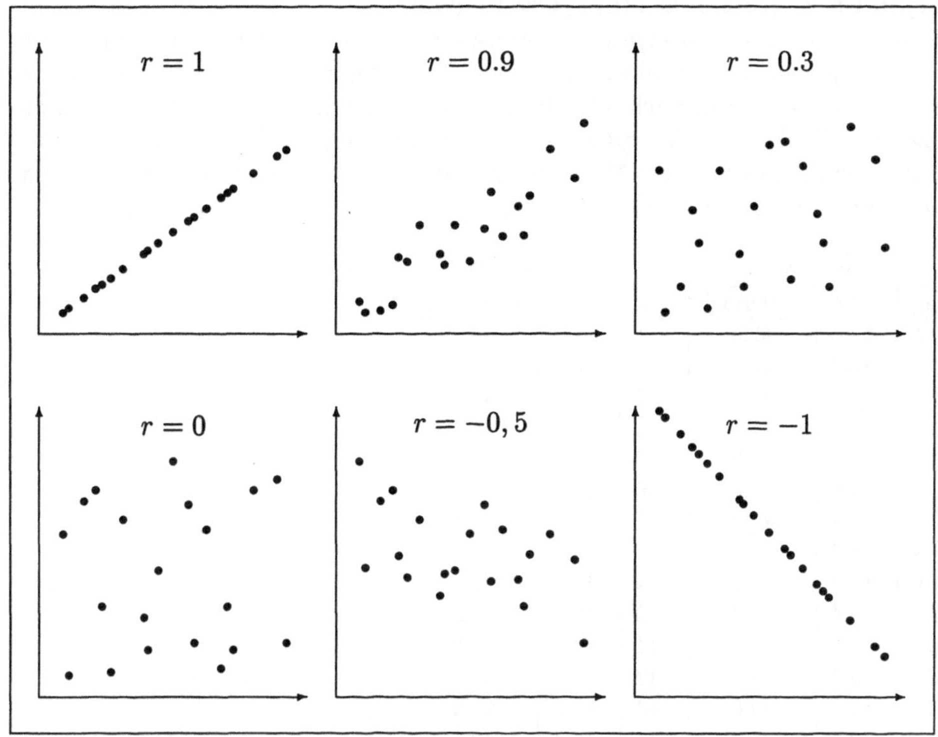

Fig. 5.2 Punktediagramme und Korrelationskoeffizienten zu jeweils 20 Wertepaaren

Zur Berechnung des Korrelationskoeffizienten r, wie auch der Standardabweichungen s_x und s_y, können folgende Formeln verwendet werden:

$$\sum_{i=1}^{n}(x_i - \overline{x}) \cdot (y_i - \overline{y}) = \left(\sum_{i=1}^{n} x_i \cdot y_i\right) - n \cdot \overline{x} \cdot \overline{y},$$

$$\sum_{i=1}^{n}(x_i - \overline{x})^2 = \left(\sum_{i=1}^{n} x_i^2\right) - n \cdot \overline{x}^2,$$

$$\sum_{i=1}^{n}(y_i - \overline{y})^2 = \left(\sum_{i=1}^{n} y_i^2\right) - n \cdot \overline{y}^2.$$

Man erhält

$$r = \frac{\left(\sum_{i=1}^{n} x_i \cdot y_i\right) - n \cdot \overline{x} \cdot \overline{y}}{\sqrt{\left(\sum_{i=1}^{n} x_i^2\right) - n\,\overline{x}^2} \cdot \sqrt{\left(\sum_{i=1}^{n} y_i^2\right) - n\,\overline{y}^2}}.$$

Beispiel 5.2. (Stammlieferung/Gradtagszahl)

Die vom Verbrauch im eigenen Versorgungsgebiet bestimmte Stromlieferung eines Energieversorgungsunternehmens (ohne Abgabe an einen Verbund) wird als Stammlieferung bezeichnet. Die folgende Tabelle enthält die Stammlieferung (in GWh) eines Energieversorgungsunternehmens an den Oktober- und Novembertagen des Jahres 1987 und die jeweilige Gradtagszahl (gemessen an einem repräsentativen Ort).

Oktober 1987			November 1987		
Tag	GTZ	Lieferung	Tag	GTZ	Lieferung
1	12.6	42.3	1	9.3	43.7
2	12.8	43.2	2	10.7	45.5
3	12.8	42.6	3	12.2	46.5
4	7.6	41.9	4	16.4	46.8
5	6.0	42.0	5	16.9	47.5
6	5.6	42.0	6	18.3	47.6
7	7.2	41.6	7	19.4	48.1
8	9.0	42.7	8	18.6	48.0
9	11.0	43.2	9	12.2	47.6
10	6.4	41.7	10	12.6	48.1
11	9.0	41.1	11	12.9	47.8
12	13.3	43.8	12	12.7	48.6
13	10.6	44.6	13	12.6	48.2
14	9.7	44.1	14	16.4	48.1
15	5.4	44.0	15	15.2	48.5
16	6.7	43.4	16	11.0	47.9
17	10.2	43.3	17	12.8	46.7
18	12.3	43.9	18	12.4	46.9
19	12.0	44.0	19	13.4	48.0
20	11.8	44.0	20	15.3	47.3
21	8.8	44.3	21	15.4	49.1
22	12.0	44.2	22	16.3	48.5
23	12.0	45.8	23	17.2	48.5
24	11.2	44.4	24	17.9	50.4
25	12.1	45.6	25	18.0	49.2
26	12.0	45.3	26	20.1	50.4
27	11.8	44.8	27	18.8	50.9
28	11.4	44.6	28	18.4	52.1
29	12.1	44.5	29	18.4	51.8
30	13.1	45.8	30	18.6	51.9
31	12.9	45.3			

Die Messreihe $(x_1, y_1), \ldots, (x_n, y_n)$ mit $n = 61$ besteht hier aus den Zahlenpaaren $(12.6, 42.3), \ldots, (18.6, 51.9)$. Bereits aus der Tabelle, aber insbesondere aus der folgenden graphischen Darstellung, erkennt man die Tendenz "je höher die Gradtagszahl, desto höher die Stammlieferung".

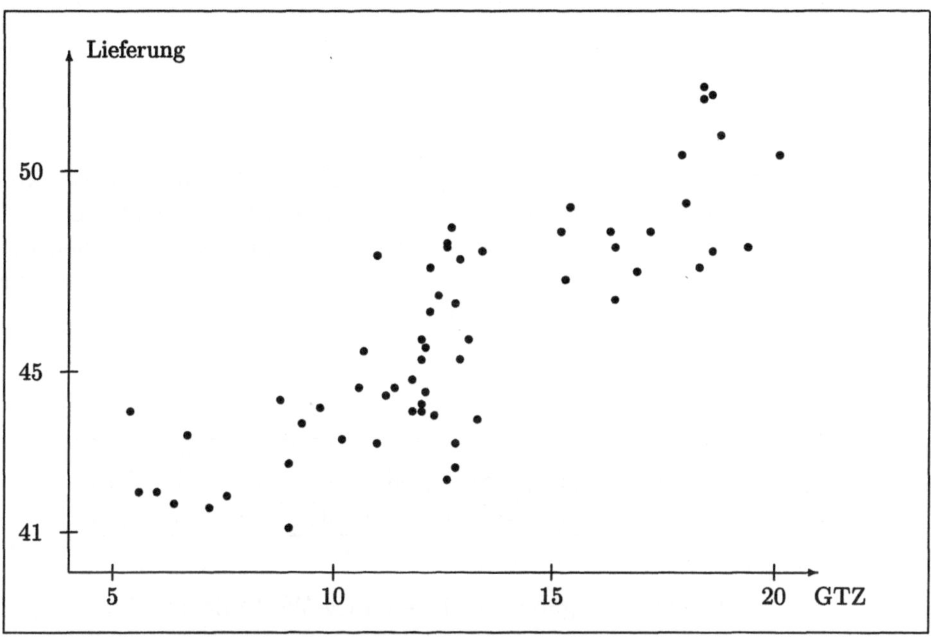

Fig. 5.3 Gradtagszahl/Stammlieferung -Punktediagramm

Der Korrelationskoeffizient r wird daher positiv ausfallen. Es ergibt sich zunächst

$$\overline{x} = 12.82 \qquad \overline{y} = 45.97 \qquad s_x = 3.72 \qquad s_y = 2.84,$$

sowie

$$\sum_{i=1}^{61} (x_i - \overline{x}) \cdot (y_i - \overline{y}) \;=\; \sum_{i=1}^{61} x_i \cdot y_i - 61 \cdot 12.82 \cdot 45.97$$

$$=\; 36465.95 - 35949.46$$

$$=\; 516.49,$$

und daraus

$$r = \frac{\sum_{i=1}^{61}(x_i - \overline{x}) \cdot (y_i - \overline{y})}{(61 - 1) \cdot s_x \cdot s_y}$$

$$= \frac{516.49}{60 \cdot 3.72 \cdot 2.84}$$

$$= 0.815 \,.$$

Bei der Interpretation des Koerrelationskoeffizeinten muss darauf geachtet werden, dass nur lineare Tendenzen erfasst werden können. Ein sehr kleiner Wert von r bedeutet also nicht, dass es gar keinen Zusammenhang zwischen den betrachteten Merkmalen gibt. Es kann dann lediglich gesagt werden, dass das Datenmaterial nicht für eine lineare Abhängigkeit spricht.

Beispiel 5.3. (Sinuskurve)

i	1	2	3	4	5	6	7	8	9	10	11
x_i	0.78	1.57	2.35	3.14	3.92	4.71	5.49	6.28	7.07	7.85	8.64
y_i	0.71	1.00	0.71	0.00	-0.71	-1.00	-0.71	0.00	0.71	1.00	0.71

Die in der obigen Tabelle angegebenen 11 x- und y-Werte liegen alle auf einer Sinuskurve,

$$y_i = sin(x_i) \,, \qquad i = 1, \ldots, 11 \,,$$

wie das nachstehende zugehörige Punktediagramm zeigt.

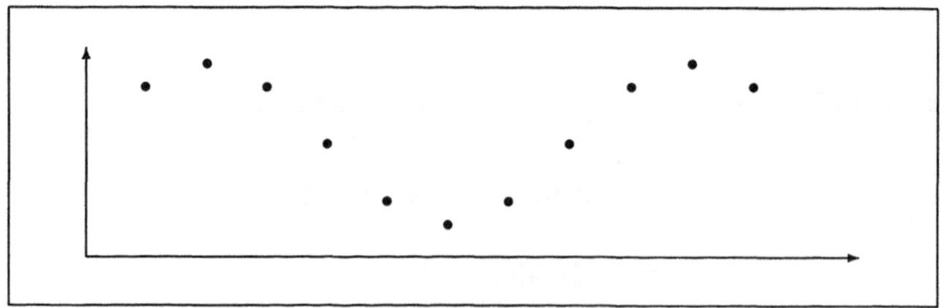

Fig. 5.4 Sinuskurvenwerte-Punktediagramm

Hier ergibt sich aber

$$\overline{x} = x_6 = 4.71 \qquad \overline{y} = 1.21 \,,$$

und

$$\sum_{i=1}^{11}(x_i - \overline{x}) \cdot (y_i - \overline{y}) = 0 \, .$$

Der Korrelationskoeffizient berechnet sich also zu

$$r = 0 \, .$$

Fehlschlüsse sind auch dann möglich, wenn das Datenmaterial nicht von homogenen Merkmalsträgern stammt. In diesem Fall kann der Korrelationskoeffizienten nahe bei 1 liegen, obwohl es keinen oder nur einen geringen Zusammenhang zwischen den betrachteten Merkmalen gibt.

Beispiel 5.4. (Inhomogenitätskorrelation)
Bei 8 Frauen und 8 Männern wurden der Hämoglobingehalt pro 100 ccm Blut (Merkmal x) und die mittlere Oberfläche der Erythrozyten (Merkmal y, in $10^{-6}mm^2$) ermittelt (vgl. [4]).

	Frauen			Männer	
i	x_i	y_i	i	x_i	y_i
1	13.1	85.2	9	16.5	103.1
2	12.9	92.4	10	15.7	106.3
3	13.7	94.2	11	17.0	99.8
4	14.5	90.8	12	14.9	101.4
5	14.1	97.5	13	15.8	98.8
6	12.7	88.6	14	17.5	103.4
7	14.8	89.1	15	15.3	103.8
8	13.6	89.8	16	16.9	107.6

Man erhält

$$\overline{x} = 14.94 \, , \quad \overline{y} = 96.99 \, , \quad s_x = 1.54 \, , \quad s_y = 7.05 \, ,$$

sowie

$$\frac{1}{15}\sum_{i=1}^{16}(x_i - \overline{x}) \cdot (y_i - \overline{y}) = 8.65 \, .$$

Für den Korrelationskoeffizienten der gesamten Datenreihe ergibt sich also der relativ hohe Wert

$$r = \frac{0.75}{1.54 \cdot 7.05} = 0.8 \, .$$

Das zugehörige Punktediagramm zeigt allerdings, dass diese Korrelation darauf zurückzuführen ist, dass das Geschlecht der Merkmalsträger nicht berücksichtigt wurde.

Berechnet man nun den Korrelationskoeffizienten getrennt nach Männern und
Frauen, so erhält man

$$r_f = 0.26$$

für die Datenreihe $(x_1, y_1), \ldots, (x_8, y_8)$ der Frauen, und

$$r_m = 0.14$$

für die Datenreihe $(x_9, y_9), \ldots, (x_{16}, y_{16})$ der Männer. Das Datenmaterial un-
terstützt also nicht die Hypothese einer linearen Abhängigkeit zwischen den
beiden Merkmalen.

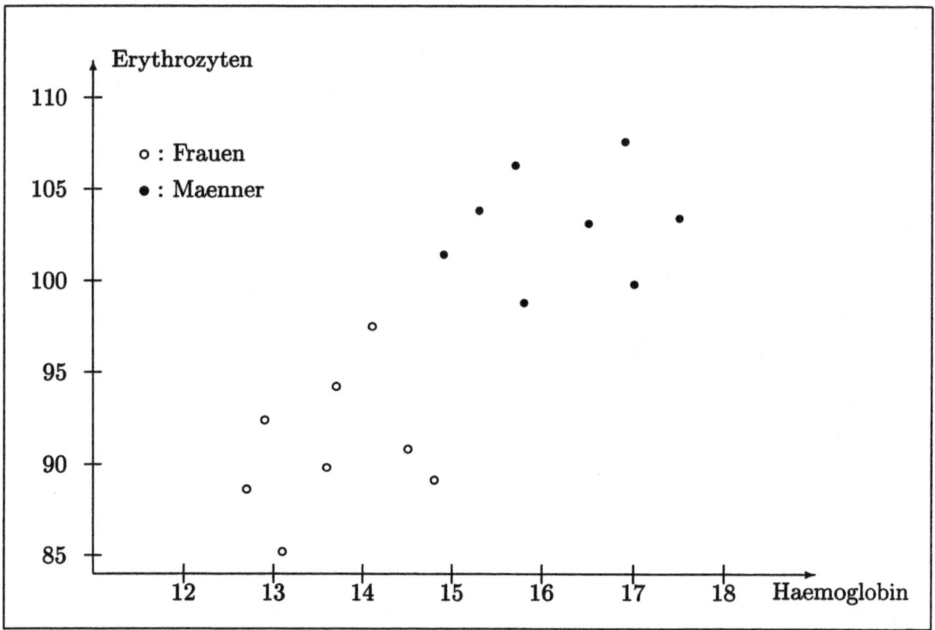

Fig. 5.5 Hämoglobin/Erythrozyten-Punktediagramm

5.2   Rangkorrelationskoeffizienten

Neben dem Pearsonschen Korrelationskoeffizienten, der ein Maß für die "lineare Tendenz" in den Daten ist, werden noch Rangkorrelationskoeffizienten
betrachtet, die auch nichtlineare monotone Tendenzen erfassen.

Beispiel 5.5. (Gradtagszahl und Außentemperatur)
Die Gradtagszahl GTZ hängt monoton von der durchschnittlichen Außentemperatur A ab. Genauer gilt

$$GTZ = \begin{cases} 0 & \text{für} \quad A \geq 15 \\ 20 - A & \text{für} \quad A < 15 \end{cases}$$

(vgl. Beispiel 5.2.). Je niedriger also die Außentemperatur A ist, desto größer ist die zugehörige Gradtagszahl GTZ.

In der folgenden Tabelle sind 5 Außentemperaturen (in $°C$) mit den zugehörigen Gradtagszahlen (in $°C$) angegeben.

Tag	i	1	2	3	4	5
Außentemperatur	x_i	15.5	14.7	13.2	11.5	13.9
Gradtagszahl	y_i	0	5.3	6.8	8.5	6.1

Berechnet man für diese Datenreihe den Pearsonschen Korrelationskoeffizienten, so erhält man den Wert

$$r = -0.875 \,.$$

Der durch die obige Formel gegebene "strenge" monotone Zusammenhang wird also nur unvollständig erfaßt. Wünschenswert wäre ein Korrelationskoeffizient, der hier den Wert -1 liefert.

Beispiel 5.6.
Die nachstehende Tabelle zeigt eine zweidimensionale Messreihe vom Umfang $n = 4$.

i	1	2	3	4
x_i	0.00	0.23	0.25	1.00
y_i	0.00	0.61	0.63	1.00

Auch hier liegt einen monotoner Zusammenhang zwischen den beiden Merkmalen vor. Es gilt nämlich

$$y_i = \sqrt[3]{x_i} \,, \qquad i = 1, \ldots, 4 \,.$$

Der Pearsonsche Korrelationskoeffizient berechnet sich allerdings zu

$$r = 0.868 \,.$$

Ein Korrelationskoeffizient, der den vorliegenden monotonen Zusammenhang vollständig erfaßt, sollte den Wert 1 besitzen.

Rangkorrelationskoeffizienten basieren auf der Anordnung der Messwerte innerhalb der Messreihe. Zunächst bildet man aus der Ausgangsdatenreihe

$$(x_1, y_1), \ldots, (x_n, y_n)$$

die Messreihe der x-Werte

$$x_1, \ldots, x_n.$$

Nun geht man zu der geordneten Messreihe (vgl. Abschnitt 2.1)

$$x_{(1)}, \ldots, x_{(n)}$$

über, die aus den gleichen Zahlen besteht, aber in aufsteigender Reihenfolge angeordnet ist, d. h.,

$$x_{(1)} \leq x_{(2)} \leq \ldots \leq x_{(n)}.$$

Jeder Messwert x_i besitzt in der geordneten Messreihe eine Position, die wir seinen *Rang* $R(x_i)$ nennen. Für die y–Werte werden in gleicher Weise die zugehörigen Ränge $R(y_i)$ erklärt.

Beispiel 5.7. (Ränge)
Vorgegeben sei die in der nachstehenden Tabelle dargestellte zweidimensionale Messreihe vom Umfang $n = 8$.

i	1	2	3	4	5	6	7	8
x_i	0.3	0.7	0.1	2.4	2.9	1.3	1.1	0.2
y_i	7.4	8.5	9.6	5.4	6.0	8.2	9.3	3.4

Die geordneten Messreihen der x- und der y-Werte ergeben sich zu

i	1	2	3	4	5	6	7	8
$x_{(i)}$	0.1	0.2	0.3	0.7	1.1	1.3	2.4	2.9
$y_{(i)}$	3.4	5.4	6.0	7.4	8.2	8.5	9.3	9.6

Es gilt also z. B. für x_4 und y_4, dass

$$R(x_4) = R(2.4) = 7, \qquad R(y_4) = R(5.4) = 2.$$

Insgesamt ergeben sich für die beiden Reihen die folgenden Ränge:

i	1	2	3	4	5	6	7	8
x_i	0.3	0.7	0.1	2.4	2.9	1.3	1.1	0.2
$R(x_i)$	3	4	1	7	8	6	5	2
y_i	7.4	8.5	9.6	5.4	6.0	8.2	9.3	3.4
$R(y_i)$	4	6	8	2	3	5	7	1

Liegt bei der Ausgangsdatenreihe ein streng monotoner Zusammenhang vor, also etwa

$$x_1 < \ldots < x_n \quad \text{und} \quad y_1 < \ldots < y_n,$$

so ergibt sich

$$R(x_1) = R(y_1) = 1, R(x_2) = R(y_2) = 2, \ldots, R(x_n) = R(y_n) = n$$

und die Wertepaare

$$(R(x_1), R(y_1)), \ldots, (R(x_n), R(y_n))$$

der x- und y-Ränge liegen alle auf einer Geraden.

In Analogie zum Pearsonschen Korrelationskoeffizienten definiert man deshalb

$$r_S = \frac{\sum_{i=1}^n \left(R(x_i) - \overline{R(x)}\right) \cdot \left(R(y_i) - \overline{R(y)}\right)}{\sqrt{\sum_{i=1}^n \left(R(x_i) - \overline{R(x)}\right)^2} \cdot \sqrt{\sum_{i=1}^n \left(R(y_i) - \overline{R(y)}\right)^2}},$$

wobei

$$\overline{R(x)} = \frac{1}{n} \sum_{i=1}^n R(x_i) \quad \text{und} \quad \overline{R(y)} = \frac{1}{n} \sum_{i=1}^n R(y_i)$$

die Durchschnittsränge zu den x- bzw. den y-Werten bezeichnen. Der so erklärte Koeffizient r_S heißt *Spearmanscher Rangkorrelationskoeffizient*.

Wie beim Pearsonschen Korrelationskoeffizienten gilt somit

$$-1 \leq r_S \leq 1,$$

wobei die Werte -1 und 1 genau dann angenommen werden, wenn ein "strenger" monotoner Zusammenhang zwischen den x- und den y-Werten der Datenreihe vorliegt.

Zur Berechnung von r_S kann die einfache Formel

$$r_S = 1 - \frac{6}{n \cdot (n^2 - 1)} \cdot \sum_{i=1}^n (R(x_i) - R(y_i))^2$$

verwendet werden, die sich durch Umformung des obigen Bruches unter Beachtung von

$$\sum_{i=1}^n R(x_i) = \sum_{i=1}^n R(y_i) = \sum_{i=1}^n i = \frac{n \cdot (n + 1)}{2}$$

und

$$\sum_{i=1}^n (R(x_i))^2 = \sum_{i=1}^n (R(y_i))^2 = \sum_{i=1}^n i^2 = \frac{n \cdot (n + 1) \cdot (2n + 1)}{6},$$

ergibt.

Beispiel 5.8. (Spearmanscher Korrelationskoeffizient)
Für die im Beispiel 5.5. betrachtete Messreihe der Außentemperaturen und
Gradtagszahlen sind in der folgenden Tabelle die Ränge und quadrierten Rang-
differenzen angegeben.

i	1	2	3	4	5
x_i	15.5	14.7	13.2	11.5	13.9
$R(x_i)$	5	4	2	1	3
y_i	0	5.3	6.8	8.5	6.1
$R(y_i)$	1	2	4	5	3
$(R(x_i) - R(y_i))^2$	16	4	4	16	0

Es ergibt sich

$$
\begin{aligned}
r_S &= 1 - \frac{6}{5 \cdot (25 - 1)} \cdot (16 + 4 + 4 + 16 + 0) \\
&= 1 - \frac{6}{120} \cdot 40 \\
&= -1 .
\end{aligned}
$$

Entsprechend bestimmt man für die Messreihe aus Beispiel 5.6.

i	1	2	3	4
x_i	0.00	0.23	0.25	1.00
$R(x_i)$	1	2	3	4
y_i	0.00	0.61	0.63	1.00
$R(y_i)$	1	2	3	4
$(R(x_i) - R(y_i))^2$	0	0	0	0

und erhält

$$
r_S = 1 - \frac{6}{4 \cdot (16 - 1)} \cdot (0 + 0 + 0 + 0) = 1 .
$$

Ein weiterer Rangkorrelationskoeffizient, der ebenfalls nur auf der Anordnung
der Messwerte in den Messreihe beruht, ist das sogenannte *Kendallsche* τ.
Hier ordnet man die Zahlenpaare der zweidimensionalen Ausgangsdatenreihe $(x_1, y_1), \ldots, (x_n, y_n)$ so an, dass die x–Werte in aufsteigender Reihenfolge
sortiert vorliegen, also

$$
\begin{aligned}
(x_{(1)}, y_{k_1}) \quad &\text{mit} \quad x_{k_1} = x_{(1)} \\
(x_{(2)}, y_{k_2}) \quad &\text{mit} \quad x_{k_2} = x_{(2)} \\
&\vdots \qquad \vdots \qquad \vdots \\
(x_{(n)}, y_{k_n}) \quad &\text{mit} \quad x_{k_n} = x_{(n)} .
\end{aligned}
$$

Für jedes Zahlenpaar $(x_{(i)}, y_{k_i})$ werden nun all jene Zahlenpaare gezählt, die darunter stehen und einen y–Wert haben, der kleiner als y_{k_i} ist. Die Anzahl dieser Zahlenpaare wird mit Q_i bezeichnet, also

$$Q_i = \sharp\left\{ (x_{(j)}, y_{k_j}) \, ; j > i \text{ und } y_{k_j} \leq y_{k_i} \right\}.$$

Das Kendallsche τ ist dann definiert durch

$$\tau = 1 - \frac{4}{n \cdot (n-1)} \cdot \sum_{i=1}^{n} Q_i.$$

Auch für τ gilt

$$-1 \leq \tau \leq 1,$$

wobei, wie beim Spearmanschen Korrelationskoeffizienten r_S die Werte -1 und 1 nur im Fall einer streng monotonen Beziehung zwischen den x- und y-Werten angenommen werden.

Beispiel 5.9. (Kendallsches τ)
Die gemäß der obigen Vorschrift geordnete Messreihe aus dem Beispiel 5.5. ergibt sich zu

$$(11.5, 8.5)$$
$$(13.2, 6.8)$$
$$(13.9, 6.1)$$
$$(14.7, 5.3)$$
$$(15.5, 0.0)$$

und wir erhalten

$$Q_1 = 4, \; Q_2 = 3, \; Q_3 = 2, \; Q_4 = 1, \; Q_5 = 0.$$

Also folgt

$$\tau = 1 - \frac{4}{5 \cdot (5-1)} \cdot (4 + 3 + 2 + 1 + 0) = 1 - \frac{1}{5} \cdot 10 = -1.$$

Für die Datenreihe aus dem Beispiel 5.6. erhält man

$$(0.00, 0.00) \quad Q_1 = 0$$
$$(0.23, 0.61) \quad Q_2 = 0$$
$$(0.25, 0.63) \quad Q_3 = 0$$
$$(1.00, 1.00) \quad Q_4 = 0$$

und somit

$$\tau = 1 - \frac{4}{4 \cdot (4-1)} \cdot 0 = 1.$$

Da Rangkorrelationskoeffizienten nur auf den Anordnungen der Messwerte innerhalb der Datenreihe beruhen, haben sie die Eigenschaft, dass sie ihre Werte nicht ändern, wenn zu einer Messskala übergegangen wird, die durch monotone Transformation aus der gegebenen hervorgeht (wie z. B beim Quadrieren oder Logarithmieren). Wird dabei die Anordnung umgekehrt, so wechseln die Rangkorrelationskoeffizienten das Vorzeichen. Ein Beispiel für eine solche Skalenänderung ist der Übergang von der mittleren Außentemperatur zur Gradtagszahl (GTZ). Hier tritt dann allerdings das Problem auf, dass allen Außentemperaturen über $15°C$ der Wert 0 zugeordnet wird, so dass sich die Messwerte nicht mehr in eindeutiger Weise anordnen lassen.

Kommen in einer Messreihe gleiche Werte vor, so spricht man von *Bindungen*. In solchen Fällen können zur Berechnung von Rangkorrelationskoeffizienten sogenannte *mittlere Ränge* verwendet werden.

Beispiel 5.10. (Mittlere Ränge)
Für $n = 12$ sei durch

$$0.3 \quad 0.7 \quad 0.1 \quad 2.4 \quad 2.9 \quad 2.4 \quad 1.3 \quad 1.1 \quad 0.7 \quad 0.2 \quad 2.4 \quad 1.1$$

eine Messreihe $x_1, \ldots, x_{12}$ gegeben. Als geordnete Messreihe erhält man

i	1	2	3	4	5	6	7	8	9	10	11	12
$x_{(i)}$	0.1	0.2	0.3	0.7	0.7	1.1	1.1	1.3	2.4	2.4	2.4	2.9

Man erkennt, dass

$$\begin{aligned}
x_{(4)} &= x_{(5)} &&= 0.7 &&= x_2 = x_9, \\
x_{(6)} &= x_{(7)} &&= 1.1 &&= x_8 = x_{12}
\end{aligned}$$

und

$$x_{(9)} = x_{(10)} = x_{(11)} = 2.4 = x_4 = x_6 = x_{11}.$$

Da somit für x_2 und x_9 sowohl der Rang 4 als auch der Rang 5 in Betracht zu ziehen ist, gibt man beiden Werten den mittleren Rang 4.5. Für x_8 und x_{12} verfährt man entsprechend und ordnet diesen Werten den mittleren Rang 6.5 zu. Bei den Werten x_4, x_6 und x_{11} kommen 3 Ränge in Frage, nämlich 10, 11 und 12. Der mittlere Rang ist hier 11. Insgesamt erhält man:

i	1	2	3	4	5	6	7	8	9	10	11	12
x_i	0.3	0.7	0.1	2.4	2.9	2.4	1.3	1.1	0.7	0.2	2.4	2.1
$R(x_i)$	3	4.5	1	10	12	10	8	6.5	4	2	10	6.5

Mit diesen mittleren Rängen wird nun der Spearmansche Rangkorrelationskoeffizient berechnet.

6 Regression

Bei der Regression geht man wie bei der Korrelationsrechnung von einer zwei-dimensionalen Wertereihe

$$(x_1, y_1), \ldots, (x_n, y_n)$$

aus, die bei n Messungen von zwei Merkmalen x und y ermittelt wurde. Während mit Korrelationskoeffizienten festgestellt wird, ob die Datenreihe für eine funktionale Abhängigkeit zwischen den beiden Merkmalen spricht, besteht die Aufgabe der Regressionsanalyse darin, die Form einer solchen Abhängigkeit zu ermitteln.

6.1 Lineare Regression

Gewinnt man aus dem Punktediagramm den Eindruck, dass sich die Daten im wesentlichen um eine Gerade herum gruppieren, oder vermutet man aufgrund eines Sachzusammenhangs zwischen den beiden Merkmalen x und y eine funktionale Abhängigkeit der Form

$$y = a \cdot x + b,$$

so liegt ein Problem der *linearen Regression* vor. Wegen der Streuung in den Daten wird der lineare Zusammenhang natürlich nicht exakt erfüllt sein, sondern nur näherungsweise

$$y_i \approx a \cdot x_i + b$$

für die Wertepaare $(x_1, y_1), \ldots, (x_n, y_n)$ gelten (vgl. Abschnitt 5.1). Die Abweichungen zwischen den y-Werten y_i und den entsprechenden Werten $a \cdot x_i + b$ können dabei sehr groß ausfallen.

Beispiel 6.1. (Gradtagszahl und Stammlieferung)
In der bereits im Beispiel 5.2. behandelten Abhängigkeit der Stammlieferung von der Gradtagszahl (GTZ) besteht der Sachzusammenhang "Je höher die

Gradtagszahl, desto höher die Stammlieferung". Das Punktediagramm weist hier erhebliche Streuung auf, so dass man bei jeder Geraden der Form

$$y = a \cdot x + b$$

mit großen Abweichungen zwischen y_i und $a \cdot x_i + b$ rechnen muss, ganz gleich, wie die Koeffizienten a (Geradensteigung) und b (y–Achsenabschnitt) auch immer gewählt werden.

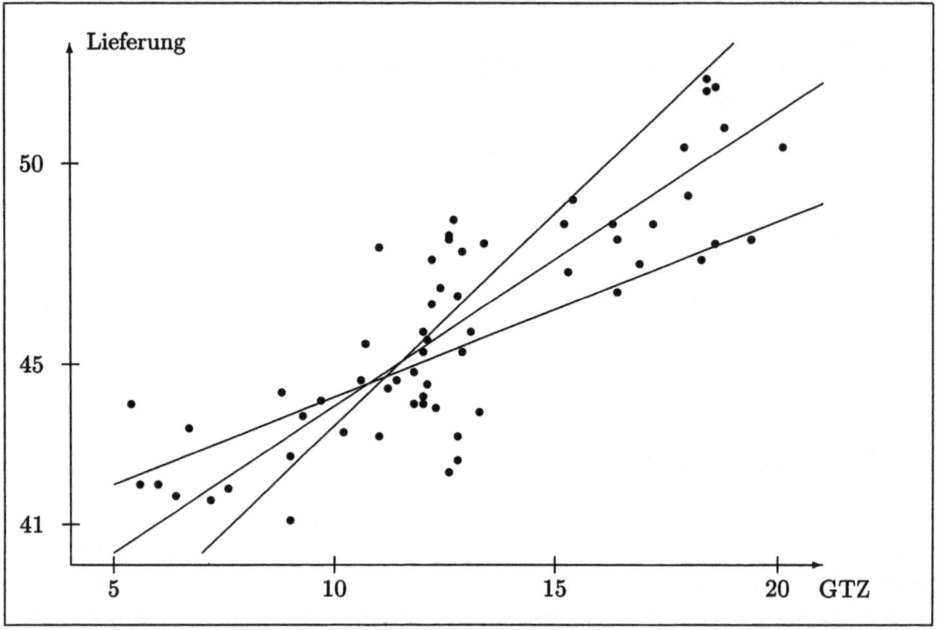

Fig. 6.1 Gradtagszahl/Stammlieferung - Punktediagramm und verschiedene lineare Anpassungen

Man ist nun daran interessiert, die Koeffizienten a und b so zu wählen, dass die entsprechende Gerade bestmöglich zu den gemessenen Wertepaaren paßt. Bestmöglich soll dabei bedeuten, dass die Abweichungen zwischen den y_i und den zugehörigen $a \cdot x_i + b$ insgesamt möglichst klein werden. Dazu betrachtet man die Summe der quadrierten Differenzen

$$\sum_{i=1}^{n} \left(y_i - a\,x_i - b\right)^2$$

zwischen den y_i und den $a \cdot x_i + b$ und bestimmt diejenigen Koeffizienten $\hat{a}$ und $\hat{b}$, für die diese Summe den kleinsten Wert annimmt. Mit Hilfsmitteln der

Differentialrechnung läßt sich zeigen, dass dies für

$$\widehat{a} = \frac{\sum_{i=1}^{n}(x_i - \overline{x}) \cdot (y_i - \overline{y})}{\sum_{i=1}^{n}(x_i - \overline{x})^2}$$

und

$$\widehat{b} = \overline{y} - \widehat{a} \cdot \overline{x}$$

der Fall ist. Insbesondere gilt also der Zusammenhang

$$\widehat{a} = r \cdot \frac{s_y}{s_x}$$

zwischen dem Steigungskoeffizienten $\widehat{a}$ und dem Pearsonschen Korrelationskoeffizienten r.

Die Gerade

$$y = \widehat{a} \cdot x + \widehat{b}$$

heißt *Regressionsgerade*. Wegen $\overline{y} = \widehat{a} \cdot \overline{x} + \widehat{b}$ verläuft sie durch den Punkt $(\overline{x}, \overline{y})$. Die Abweichungen

$$r_i = y_i - \widehat{a} \cdot x_i - \widehat{b}, \qquad i = 1, \ldots, n,$$

werden als *Residuen* bezeichnet.

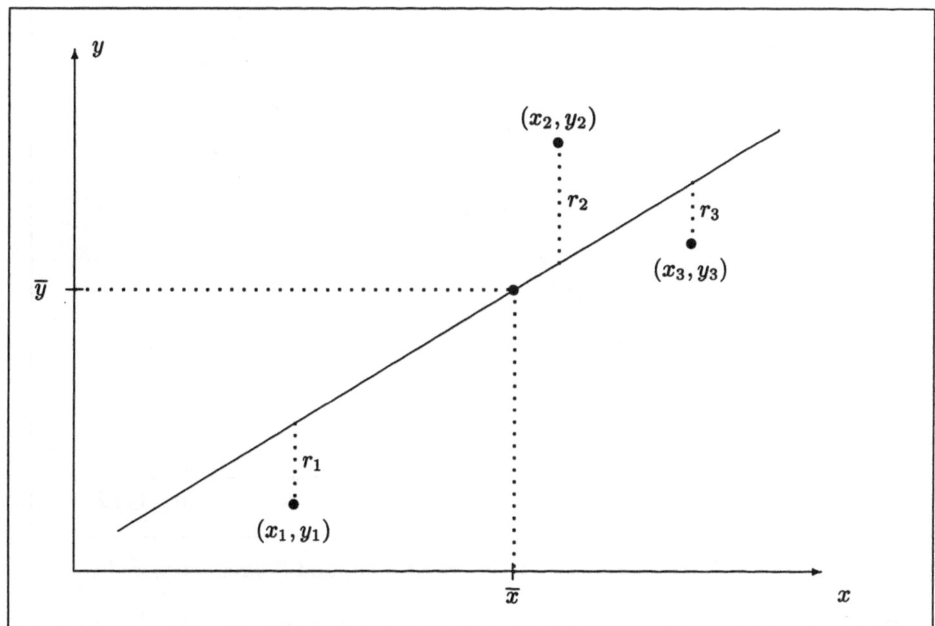

Fig. 6.2 Regressionsgerade mit Residuen

Da die Koeffizienten $\widehat{a}$ und $\widehat{b}$ so gewählt wurden, dass die Summe der Quadrate der Residuen minimal ist, spricht man bei dieser Vorgehensweise von der *Methode der kleinsten Quadrate*.

Beispiel 6.2. (Gradtagszahl und Stammlieferung - Regressionsgerade)
Für die 61 Wertepaare zur Gradtagszahl x und Stammlieferung y wurden im Beispiel 5.2. die Mittelwerte, Streuungen und der Pearsonsche Korrelationskoeffizient zu

$$\overline{x} = 12.82, \ \overline{y} = 45.97, \ s_x = 3.72, \ s_y = 2.84, \ r = 0.815$$

ermittelt. Damit berechnen sich die Koeffizienten zu

$$\widehat{a} = 0.815 \cdot \frac{2.84}{3.72} = 0.634$$

und

$$\widehat{b} = 45.97 - 0.634 \cdot 12.82 = 37.84 \,.$$

Es ergibt sich also die Regressionsgerade

$$y = 0.634 \cdot x + 37.84 \,.$$

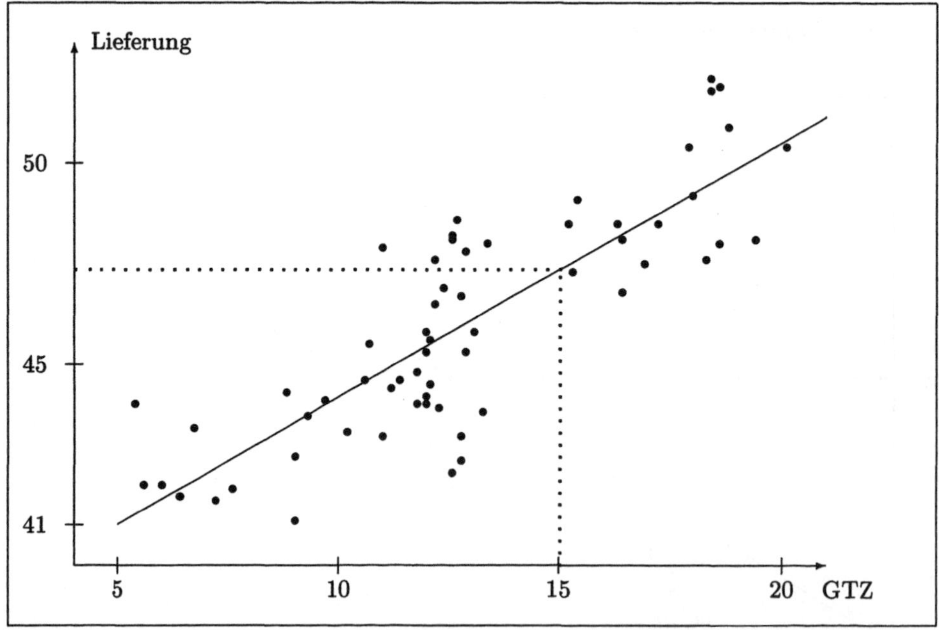

Fig. 6.3 Gradtagszahl/Stammlieferung - Punktediagramm und Regressionsgerade

Mit Hilfe der Regressionsgeraden können nun auch für Gradtagszahlen, zu denen keine Messungen vorliegen, Näherungswerte für die bereitzuhaltende

Stammlieferung ermittelt werden. Für einen Tag mit einer Gradtagszahl von $x = 15$ (5°C Außentemperatur) ergibt sich beispielsweise ein Stammlieferungswert von

$$y = 0.634 \cdot 15 + 37.84 = 47.36 \,.$$

Um sich einen graphischen Eindruck von der Streuung der Residuen zu verschaffen, kann man einen sogenannten *Residuenplot* erstellen. Hierbei handelt es sich um die Darstellung der *normierten Residuen*

$$\tilde{r}_i = \frac{r_i}{\hat{s}} = \frac{y_i - \hat{a} \cdot x_i - \hat{b}}{\hat{s}}\,, \qquad i = 1,\ldots,n$$

die über der x–Achse an den jeweiligen Stellen $x_1,\ldots,x_n$ abgetragen werden. Der Normierungskoeffizient $\hat{s}$ ist dabei ein Schätzwert für die Streuung der Residuen, der gemäß

$$\hat{s} = \sqrt{\frac{1}{n-2} \sum_{i=1}^{n} \left(y_i - \hat{a} \cdot x_i - \hat{b}\right)^2}$$

berechnet wird.

Beispiel 6.3. (Lebensalter/Blutdruck - Regressionsgerade und Residuenplot) Wir betrachten nochmals den bereits im Beispiel 5.1. behandelten Zusammenhang zwischen dem Lebensalter x und dem Blutdruck y von gesunden Männern. Aus den 30 gemessenen Wertepaaren $(x_1, y_1), \ldots, (x_{30}, y_{30})$ ergibt sich

$$\overline{x} = 44.7\,, \ \overline{y} = 147.43\,, \ r = 0.8446\,,$$

sowie

$$s_x = \sqrt{\frac{6648.30}{29}} = 15.14\,, \quad s_y = \sqrt{\frac{21623.40}{29}} = 27.31\,.$$

Damit erhält man

$$\overline{a} = r \cdot \frac{s_y}{s_x} = 0.8446 \cdot \frac{27.31}{15.14} = 1.523$$

und

$$\overline{b} = \overline{y} - \overline{a} \cdot \overline{x} = 147.43 - 1.523 \cdot 44.7 = 79.35 \,.$$

Die Regressionsgerade ist also von der Form

$$y = 1.523 \cdot x + 79.35$$

und kann in diesem Zusammenhang dazu dienen, den durchschnittlichen Blutdruck für einen gesunden Mann in Abhängigkeit von seinem Lebensalter anzugeben. Für einen 50–jährigen ergibt sich

$$y = 1.523 \cdot 50 + 79.35 = 155.50 \ (\text{mbar}).$$

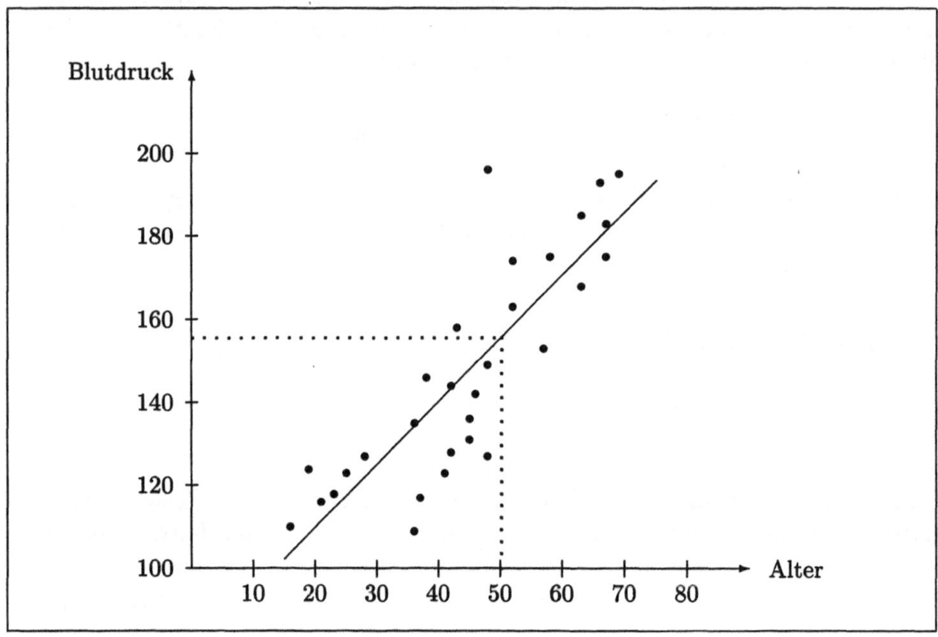

Fig. 6.4 Alter/Blutdruck - Punktediagramm und Regressionsgerade

Zur Erstellung des Residuenplots ermittelt man zunächst die Residuen, die in
der nachstehenden Tabelle dargestellt sind.

i	r_i	i	r_i	i	r_i
1	6.3	11	13.2	21	-18.7
2	5.6	12	-3.5	22	4.7
3	0.7	13	4.5	23	8.8
4	15.5	14	-6.4	24	13.1
5	-16.9	15	10.6	25	-7.4
6	-25.2	16	43.5	26	-25.5
7	-13.2	17	15.7	27	-3.6
8	9.7	18	-18.8	28	-15.3
9	5.0	19	7.3	29	-7.3
10	0.8	20	1.6	30	-11.9

Daraus errechnet man

$$\widehat{s} = \sqrt{\frac{1}{n-2}\sum_{i=1}^{30} r_i^2} = \sqrt{\frac{1}{28} \cdot 6202.29} = 14.88$$

und erhält nun die normierten Residuen

i	$\widetilde{r}_i$	i	$\widetilde{r}_i$	i	$\widetilde{r}_i$
1	0.42	11	0.89	21	-1.26
2	0.38	12	-0.24	22	0.32
3	0.05	13	0.30	23	0.59
4	1.04	14	-0.43	24	0.88
5	-1.14	15	0.71	25	-0.50

und hieraus den Residuenplot.

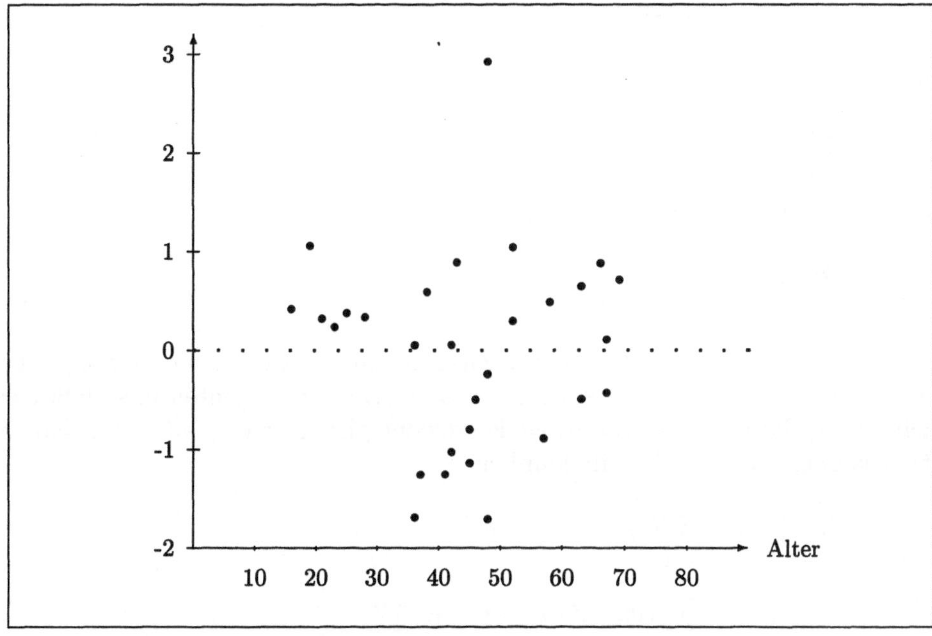

Fig. 6.5 Alter/Blutdruck - Residuenplot

Um die Qualität der linearen Anpassung der Daten an die Regressionsgerade zu erfassen, kann man den sogenannten *Bestimmtheitskoeffizienten*

$$R^2 = \frac{\sum_{i=1}^{n}\left(\widehat{a}\cdot x_i + \widehat{b} - \overline{y}\right)^2}{\sum_{i=1}^{n}\left(y_i - \overline{y}\right)^2}$$

berechnen, bei dem das Quadrat der Streuung der angepassten y-Werte $\widehat{a}\cdot x_1 + \widehat{b}, \ldots, \widehat{a}\cdot x_n + \widehat{b}$ zum Quadrat der Streuung der gemessenen y-Werte $y_1, \ldots, y_n$ in Beziehung gesetzt wird. Der Bestimmtheitskoeffizient nimmt nur Werte zwischen 0 und 1 an. Er kann auch nach der Formel

$$R^2 = 1 - \frac{\sum_{i=1}^n r_i^2}{\sum_{i=1}^n \left(y_i - \overline{y}\right)^2}$$

aus den Residuen $r_1, \ldots, r_n$ berechnet werden. Hieraus erkennt man, dass der Wert $R^2 = 1$ genau dann auftritt, wenn alle Residuen verschwinden, d. h. wenn alle Punkte $(x_1, y_1), \ldots, (x_n, y_n)$ auf der Regressionsgeraden liegen.

Beispiel 6.4. (Alter/Blutdruck - Bestimmtheitsmaß)
Nach den Berechnungen in den Beispielen 5.1. und 6.3. gilt für die Datenreihe vom Umfang $n = 30$

$$\sum_{i=1}^{30} r_i^2 = 6202.29$$

und

$$\sum_{i=1}^{30}(y_i - \overline{y})^2 = 21623.40\,.$$

Der Bestimmtheitskoeffizient berechnet sich folglich zu

$$R^2 = 1 - \frac{6202.29}{21623.40} = 0.713\,.$$

Beachtet man den oben festgestellten Zusammenhang zwischen dem Steigungskoeffizienten $\widehat{a}$ und dem Pearsonschen Korrelationskoeffizienten r, so läßt sich nachweisen, dass der Bestimmtheitskoeffizient gleich dem quadrierten Korrelationskoeffizienten ist. Es gilt nämlich

$$\begin{aligned}
\sum_{i=1}^n r_i^2 &= \sum_{i=1}^n (y_i - \widehat{a}\cdot x_i - \widehat{b})^2 \\
&= \sum_{i=1}^n (y_i - \widehat{a}\cdot x_i - \overline{y} + \widehat{a}\cdot \overline{x})^2 \\
&= \sum_{i=1}^n \left((y_i - \overline{y}) - r\cdot \frac{s_y}{s_x}\cdot (x_i - \overline{x})\right)^2 \\
&= \sum_{i=1}^n \left((y_i - \overline{y})^2 - 2\cdot r\cdot \frac{s_y}{s_x}\cdot (y_i - \overline{y})(x_i - \overline{x}) \right.\\
&\qquad\qquad \left. + r^2\cdot \frac{s_y^2}{s_x^2}\cdot (x_i - \overline{x})^2\right)
\end{aligned}$$

$$= \sum_{i=1}^{n}(y_i - \overline{y})^2 - 2 \cdot r \cdot \frac{s_y}{s_x} \cdot \sum_{i=1}^{n}(x_i - \overline{x})(y_i - \overline{y})$$

$$+ r^2 \cdot \frac{s_y^2}{s_x^2} \cdot \sum_{i=1}^{n}(x_i - \overline{x})^2$$

$$= \sum_{i=1}^{n}(y_i - \overline{y})^2 - 2 \cdot r^2 \cdot (n-1) \cdot s_y^2 + r^2 \cdot (n-1) \cdot s_y^2$$

$$= (1 - r^2) \cdot \sum_{i=1}^{n}(y_i - \overline{y})^2$$

und somit

$$\begin{aligned}
R^2 &= 1 - \frac{\sum_{i=1}^{n} r_i^2}{\sum_{i=1}^{n}(y_i - \overline{y})^2} \\
&= 1 - \frac{(1 - r^2) \cdot \sum_{i=1}^{n}(y_i - \overline{y})^2}{\sum_{i=1}^{n}(y_i - \overline{y})^2} \\
&= 1 - (1 - r^2) = r^2 .
\end{aligned}$$

Beispiel 6.5. (Gradtagszahl und Stammlieferung - Bestimmtheitskoeffizient)
Für die 61 Stammlieferungen und Gradtagszahlen wurde im Beispiel 5.2. ein
Korrelationskoeffizient von $r = 0.815$ ermittelt. Nach dem oben hergeleiteten
Zusammenhang ergibt sich somit der Bestimmtheitskoeffizient zu

$$R^2 = r^2 = 0.815^2 = 0.66 .$$

6.2 Nichtlineare Regression

Hat man eine zweidimensionale Messreihe $(x_1, y_1), \ldots, (x_n, y_n)$ in einem Punktediagramm dargestellt und erkennt, dass ein Zusammenhang besteht, der allerdings nicht durch eine Gerade beschrieben werden kann, sondern irgendei-
nem anderen Kurvenverlauf folgt, so stellt sich das Problem, welcher andere
Typ von Kurve, d. h. welche Funktion, zur näherungsweisen Beschreibung der
vermuteten Abhängigkeit der y–Werte von den x–Werten in Frage kommt.
In vielen Softwarepaketen werden zur Lösung dieser Aufgabe eine Reihe von
Funktionenklassen angeboten. Betrachten wir zunächst den Fall, dass es sich
um eine Funktionenklasse handelt, bei der die einzelnen Funktionen durch zwei
Parameter gegeben sind.

Beispiel 6.6. (Zweiparametrige Funktionenklassen)
Betrachtet werden beispielsweise die Funktionenklassen

$$y = b \cdot x^a, \quad y = a \cdot e^{\frac{b}{x}}, \quad y = \frac{x}{a + b \cdot x},$$

die durch die beiden Parameter a und b festgelegt sind. Der jeweilige Funktionstyp wird in den nachstehenden drei Abbildungen illustriert.

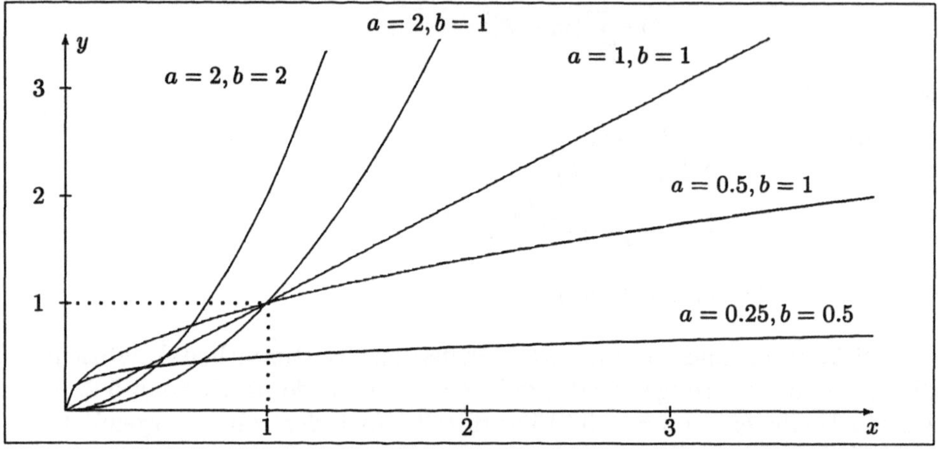

Fig. 6.6 Die Funktion $y = b \cdot x^a$ für unterschiedliche Parameterkombinationen

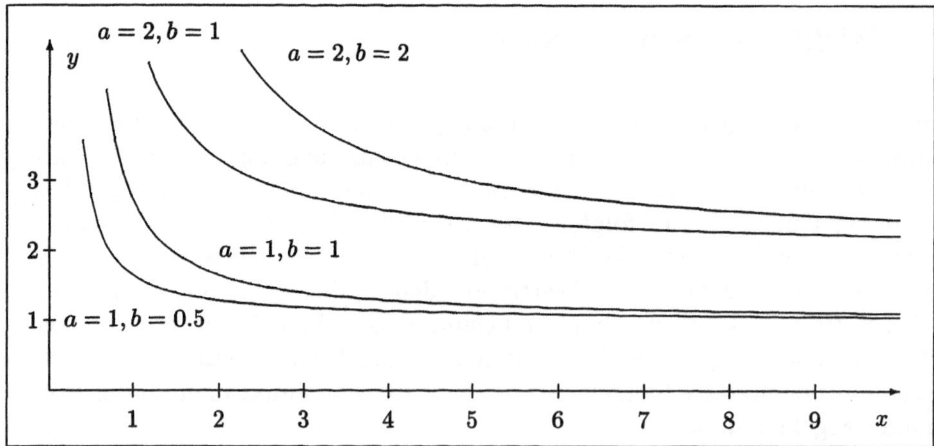

Fig. 6.7 Die Funktion $y = a \cdot e^{b/x}$ für unterschiedliche Parameterkombinationen

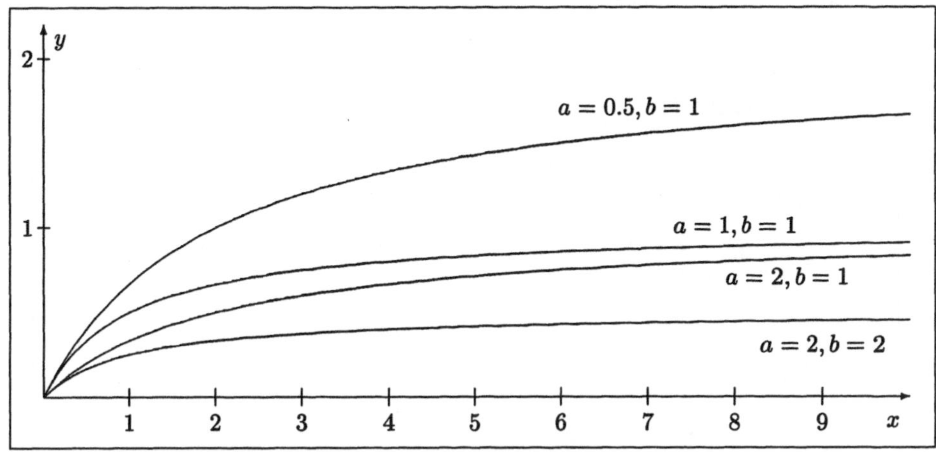

Fig. 6.8 Die Funktion $y = x / (a + b \cdot x)$ für unterschiedliche Parameterkombinationen

Oft ist man, wie im folgenden Beispiel, durchaus in der Lage, aus den in den Softwarepaketen angebotenen Funktionenklassen durch Betrachten des Punktediagramms eine geeignete auszuwählen.

Beispiel 6.7. (Jahreseinkommen/Jahresstromverbrauch - Auswahl einer Funktionenklasse)
Bei 20 privaten Haushalten wurde in einem bestimmten Jahr jeweils das Gesamteinkommen x (in 100000 DM) und der Gesamtstromverbrauch y (in MWh) ermittelt. Die entsprechende Messreihe ist in der nachstehenden Tabelle dargestellt.

i	x_i	y_i	i	x_i	y_i
1	0.830	4.05	11	0.956	4.68
2	1.103	4.94	12	2.733	7.04
3	0.497	2.98	13	2.107	6.63
4	0.183	1.69	14	0.743	5.24
5	0.624	3.25	15	0.514	2.96
6	1.725	6.65	16	0.239	2.20
7	1.158	5.03	17	0.136	1.20
8	0.254	1.35	18	0.426	2.62
9	0.437	2.78	19	1.536	6.07
10	0.625	3.23	20	0.315	2.01

Das zugehörige Punktediagramm weist auf einen nichtlinearen Zusammenhang zwischen den beiden Merkmalen hin, der durch die dritte im Beispiel 6.6. dargestellte Funktionenklasse

$$y = \frac{x}{a + b \cdot x}$$

erfasst werden könnte.

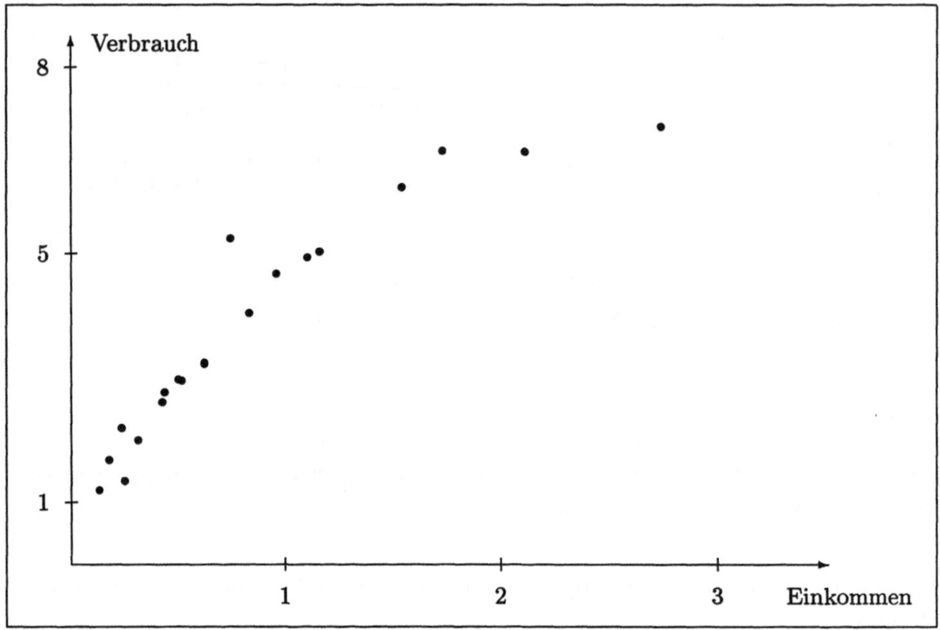

Fig. 6.9 Jahreseinkommen/Jahresstromverbrauch - Punktediagramm

Hat man sich wie in dem obigen Beispiel für eine geeignete Funktionenklasse entschieden, so kann wiederum nach der Methode der kleinsten Quadrate die bestmögliche Approximation bestimmt werden. In der Regel ist dies ein sehr schwieriges Problem, zu dessen Lösung aber in den meisten Softwarepaketen geeignete Programme zur Verfügung stehen. In manchen Fällen ist es allerdings möglich durch eine Datentransformation das Problem in ein lineares Regressionsproblem zu überführen und so zu ersten Näherungswerten für die gesuchten Parameter zu gelangen.

Beispiel 6.8. (Jahreseinkommen/Jahresstromverbrauch - Nichtlineare Regression)

Betrachtet man für die im Beispiel 6.7. ausgewählte Funktionenklasse die Formel

$$y = \frac{x}{a + b \cdot x} = \frac{1}{\frac{a}{x} + b},$$

so erkennt man, dass sich daraus

$$\frac{1}{y} = a \cdot \frac{1}{x} + b$$

ergibt. Setzt man nun

$$y^* = \frac{1}{y} \quad \text{und} \quad x^* = \frac{1}{x},$$

so erhält man

$$y^* = a \cdot x^* + b,$$

also eine Geradengleichung in den neuen Variablen x^* und y^*. Nun kann man zu den Werten (x_i, y_i) die entsprechenden Werte (x_i^*, y_i^*) gemäß der angegebenen Transformationen berechnen, und dann mit der neuen Messreihe $(x_1^*, y_1^*), \ldots, (x_n^*, y_n^*)$ eine lineare Regression durchführen. Es ergibt sich

i	x_i^*	y_i^*	i	x_i^*	y_i^*
1	1.2048	0.2469	11	1.0460	0.2137
2	0.9066	0.2024	12	0.3659	0.1420
3	2.0121	0.3356	13	0.4746	0.1508
4	5.4645	0.5917	14	1.3459	0.2358
5	1.6026	0.3077	15	1.9455	0.3378
6	0.5797	0.1504	16	4.1841	0.4545
7	0.8636	0.1988	17	7.3529	0.8333
8	3.9370	0.7407	18	2.3474	0.3817
9	2.2883	0.3597	19	0.6510	0.1647
10	1.6000	0.3096	20	3.1746	0.4975

und man erhält

$$\overline{x^*} = 2.167, \ \overline{y^*} = 0.343, \ s_{x^*} = 1.833, \ s_{y^*} = 0.195, \ r^* = 0.948,$$

wobei r^* den Pearsonschen Korrelationskoeffizienten für die transformierte Messreihe bezeichnet. Also berechnen sich die Koeffizienten der Regressionsgerade für die transformierte Datenreihe zu

$$\widehat{a} = r^* \cdot \frac{s_{y^*}}{s_{x^*}} = 0.948 \cdot \frac{0.195}{1.833} = 0.101$$

und

$$\widehat{b} = \overline{y^*} - \overline{a} \cdot \overline{x^*} = 0.343 - 0.101 \cdot 2.167 = 0.124 \,.$$

Als Bestimmheitskoeffizient ergibt sich weiter

$$(R^*)^2 = (r^*)^2 = 0.948^2 = 0.899 \,,$$

was auf eine gute Anpassung schließen lässt. Die folgende Graphik weist aber auf große Residuen für hohe x^*-Werte (kleine Einkommenswerte x) hin.

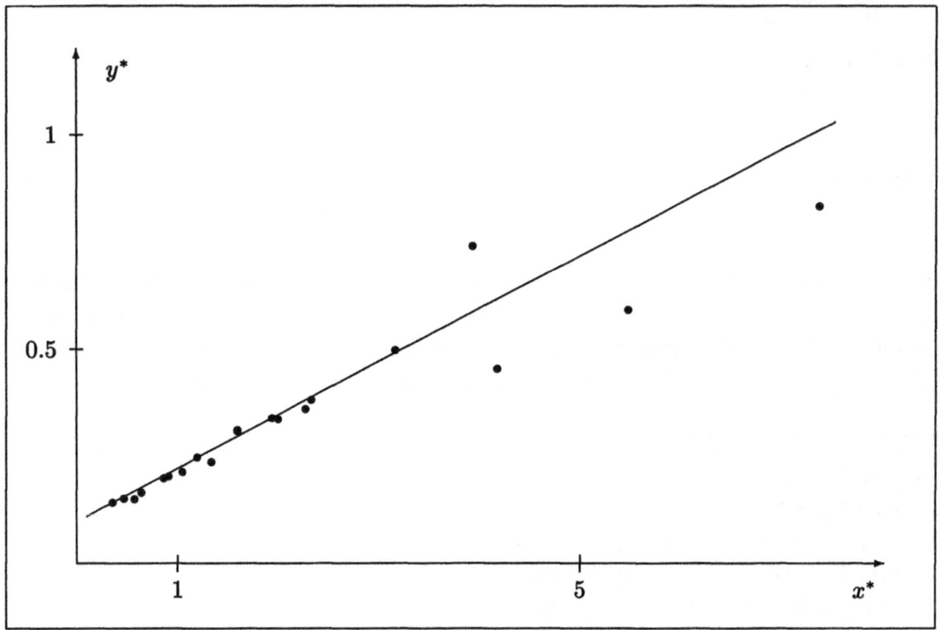

Fig. 6.10 Jahreseinkommen/Jahresstromverbrauch transformiert - Punktediagramm und Regressionsgerade

Verwendet man die so bestimmten Koeffizienten $\widehat{a}$ und $\widehat{b}$, so ergibt sich für den Zusammenhang zwischen Jahreseinkommen x und Jahresstromverbrauch y

$$y = \frac{x}{0.101 + 0.124 \cdot x} \,.$$

Neben anderen Kriterien könnte dieses Ergebnis zur Abschätzung des Stromverbrauches benutzt werden, wenn das Jahreseinkommen des Haushaltes bekannt ist. Beispielsweise erhalten wir für ein Einkommen von 56000 DM, also für $x = 0.56$ den y–Wert

$$y = \frac{0.56}{0.101 + 0.124 \cdot 0.56} = 3.287 \,,$$

d. h. bei diesem Jahreseinkommen ist mit einem Jahresstromverbrauch von 3287 KWh zu rechnen.

Die nachstehende Graphik zeigt allerdings, dass die vorgenommene Anpassung ungenügend ist.

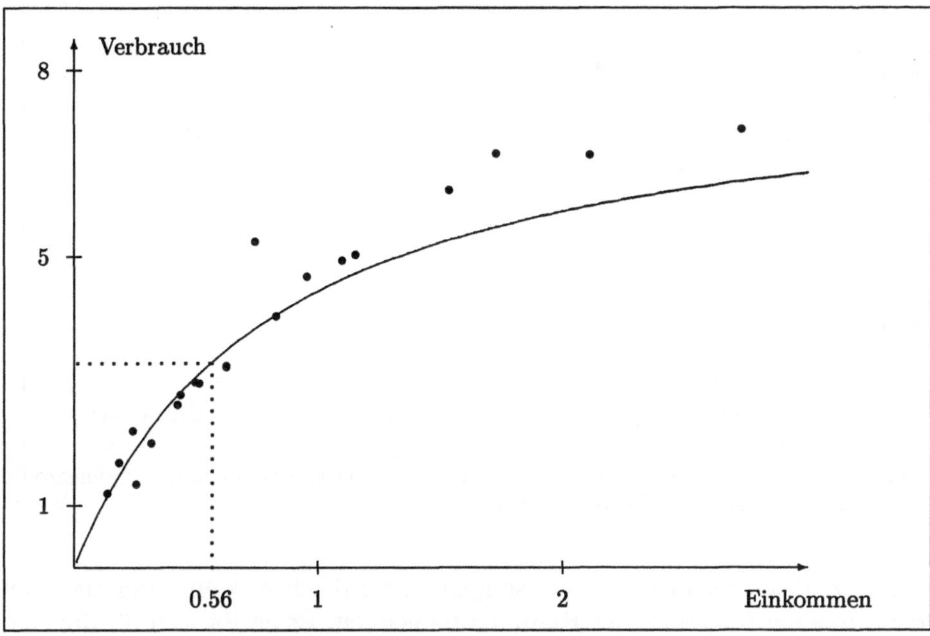

Fig. 6.11 Jahreseinkommen/Jahresstromverbrauch - Punktediagramm und Nichtlineare Regression durch Datentransformation

Bei der Bestimmung der Parameter durch Datentransformation ist also Vorsicht angebracht. Verwendet man hingegen die SAS-Prozedur NLIN, so ergeben sich die Koeffizienten zu

$$\widehat{a} = 0.119 \quad \text{und} \quad \widehat{b} = 0.093 \,,$$

also ein funktionaler Zusammenhang der Form

$$y = \frac{x}{0.119 + 0.093 \cdot x} \,,$$

wie er in der folgenden Graphik dargestellt ist.

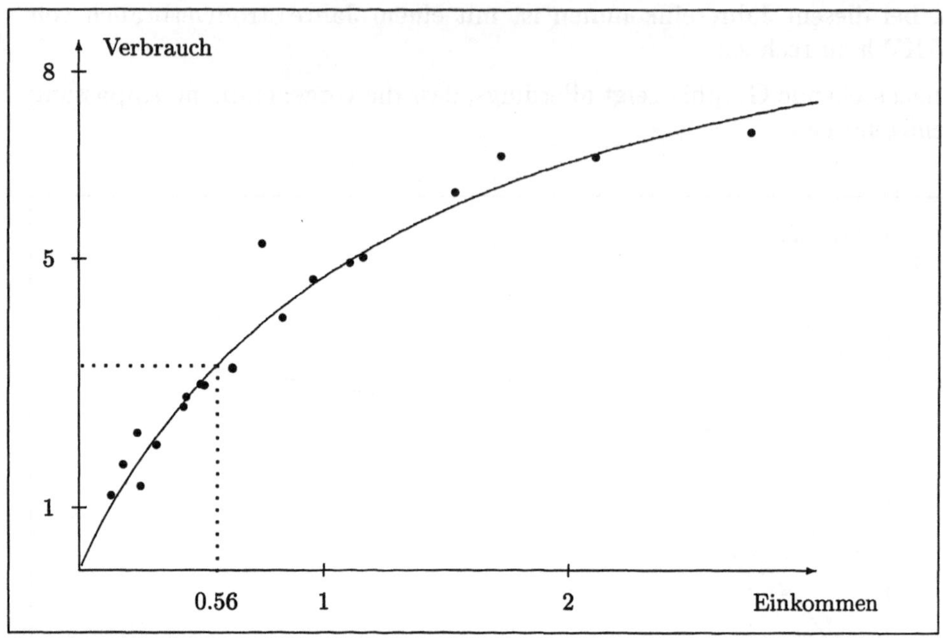

Fig. 6.12 Jahreseinkommen/Jahresstromverbrauch - Punktediagramm und Nichtlineare Regression nach SAS-Prozedur NLIN

Um die Qualität der beiden Anpassungen zu vergleichen, kann man die jeweilige Summe der Quadrate der Residuen berechnen. Es ergibt sich für die erste Anpassung (Anpassung durch Datentransformation)

$$\sum_{i=1}^{20} r_i^2 = 4.487\,.$$

Für die zweite Anpassung (SAS-Prozedur NLIN) erhält man dagegen

$$\sum_{i=1}^{20} r_i^2 = 1.273\,,$$

also weniger als ein Drittel der Fehlerquadratsumme der ersten Anpassung. Die zweite Anpassung liefert für ein Jahreseinkommen von 56000 DM

$$y = \frac{0.56}{0.119 + 0.093 \cdot 0.56} = 3.273\,,$$

also einen zu erwartenden Jahresstromverbrauch von 3273 MWh, der sich nur unwesentlich von dem oben ermittelten Wert von 3287 MWh unterscheidet. Dies liegt an der Tatsache, dass sich die beiden Kurven in dem Bereich der unteren Einkommen kaum unterscheiden.

In vielen Fällen kann man bei nichtlinearen Regressionsproblemen nicht mit Funktionen arbeiten, die sich durch geeignete Transformationen in lineare überführen lassen, so dass man bei der praktischen Arbeit vollständig auf die vorhandene Software angewiesen ist.

Beispiel 6.9. (Nichtlineare Regression für Blattwachstum)
Bei einer Pflanze wurde an 15 Tagen das Blattwachstum überprüft. Die zur Zeit x (in Tagen) ermittelte Blattlänge y (in cm) ist in der nachstehenden Tabelle festgehalten.

i	x_i	y_i	i	x_i	y_i
1	0.5	1.3	9	8.5	16.4
2	1.5	1.3	10	9.5	18.3
3	2.5	1.9	11	10.5	20.9
4	3.5	3.4	12	11.5	20.5
5	4.5	5.3	13	12.5	21.3
6	5.5	7.1	14	13.5	21.2
7	6.5	10.6	15	14.5	20.2
8	7.5	16.0			

Das entsprechende Punktediagramm stellt sich wie folgt dar.

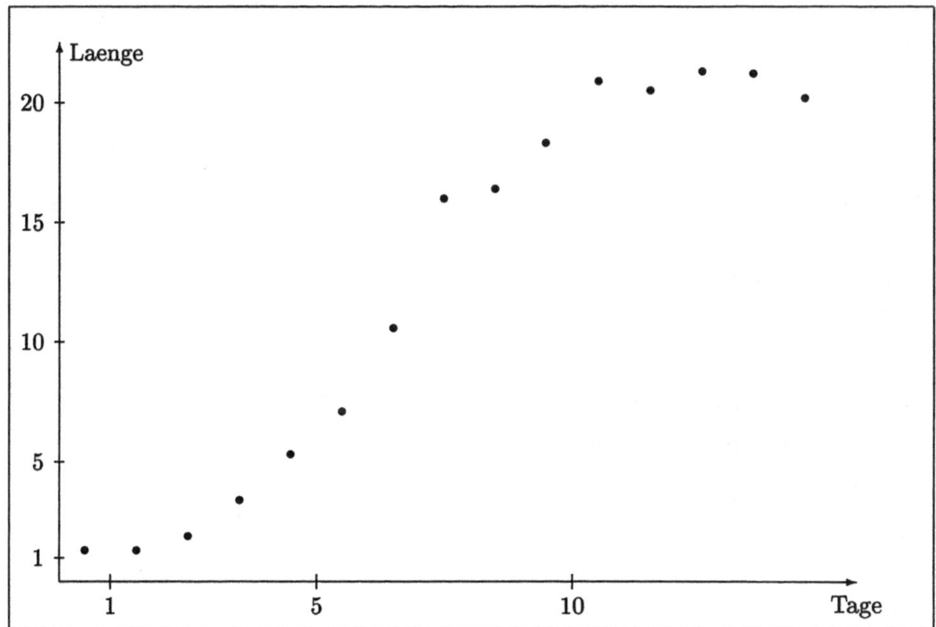

Fig. 6.13 Blattlänge/Zeit - Punktediagramm

Aus der Graphik ist eine S-förmige Struktur der Abhängigkeit des Blattwachstums von der Zeit erkennbar. Zur Modellierung dieses Sachverhalts bietet sich beispielsweise die folgende durch 4 Koeffizienten bestimmte Funktionenklasse

$$y = a - b \cdot e^{-e^{c} \cdot x^{d}}$$

an, die anhand von vier Parameterkombinationen in der nachstehenden Abbildung illustriert wird.

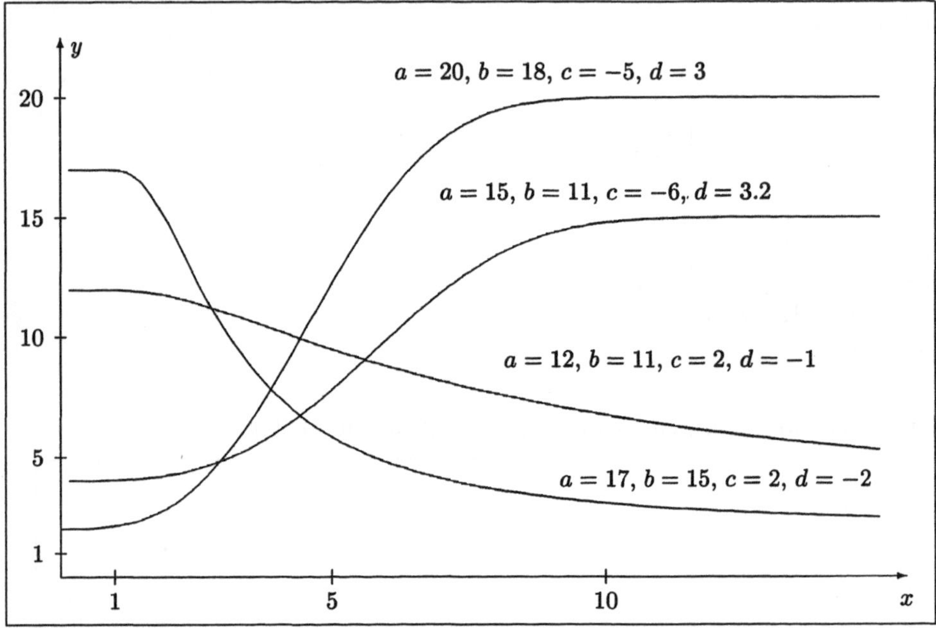

Fig. 6.14 Die Funktion $y = a - b \cdot e^{-e^{c} \cdot x^{d}}$ für unterschiedliche Parameterkombinationen

Die Anwendung der SAS-Prozedur NLIN liefert für die betrachtete Messreihe die Werte

$$\hat{a} = 21.104\,, \; \hat{b} = 19.815\,, \; \hat{c} = -6.336\,, \; \hat{d} = 3.180\,,$$

und somit den Kurvenverlauf

$$y = 21.104 - 19.815 \cdot e^{-e^{-6.336} \cdot x^{3.180}}$$

Die Qualität dieser Anpassung ist in der abschließenden Graphik gut zu erkennen.

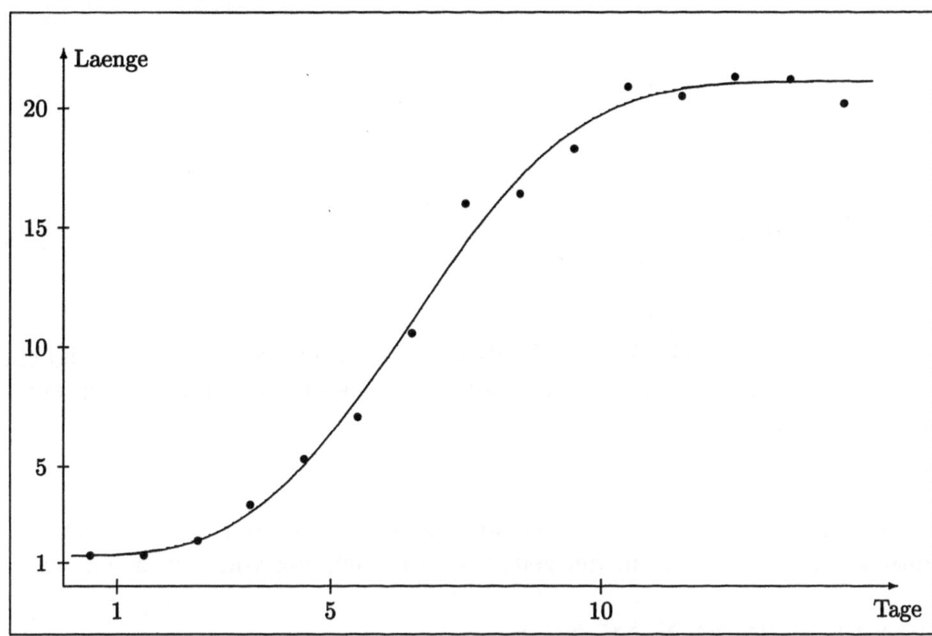

Fig. 6.15 Blattlänge/Zeit - Punktediagramm und nichtlineare Regression

7 Zeitreihen

Wird eine bestimmte Größe y im Laufe der Zeit immer wieder (z. B. täglich, wöchentlich, monatlich, jährlich) beobachtet, so bezeichnet man die sich ergebende Messreihe

$$y_t, \qquad t = 1, \ldots, n,$$

als eine *Zeitreihe*. Ziel der Zeitreihenanalyse ist es, anhand dieser Daten Erkenntnisse über die Struktur der zeitlichen Entwicklung von y zu gewinnen.

Beispiel 7.1. (Eisenbahnfahrgäste)
Untersucht wurde das Fahrgastaufkommen in der zweiten Klasse bei der französischen nationalen Eisenbahngesellschaft in dem Zeitraum 1976 bis 1980. Dazu wurde für die Monate $t = 1$ (Januar 1976) bis $t = 60$ (Dezember 1980) die jeweilige Gesamtanzahl von Fahrgästen y_t (in Millionen) ermittelt. Die entsprechende Messreihe vom Umfang 60 ist in der folgenden Tabelle festgehalten.

t	y_t	t	y_t	t	y_t	t	y_t	t	y_t
1	2667	13	2706	25	2820	37	3313	49	2848
2	2668	14	2586	26	2857	38	2644	50	2913
3	2804	15	2796	27	3306	39	2872	51	3248
4	2806	16	2978	28	3333	40	3267	52	3250
5	2976	17	3053	29	3141	41	3391	53	3375
6	3430	18	3463	30	3512	42	3682	54	3640
7	3705	19	3649	31	3744	43	3937	55	3771
8	3053	20	3095	32	3179	44	3284	56	3259
9	2764	21	2839	33	2984	45	2849	57	3206
10	2802	22	2966	34	2950	46	3085	58	3269
11	2707	23	2863	35	2896	47	3043	59	3181
12	3307	24	3375	36	3611	48	3541	60	4008

Um sich einen ersten Eindruck von der Änderung der Fahrgastanzahl in Abhängigkeit von der Zeit zu verschaffen, trägt man die beobachteten y-Werte gegen die Monate ab und verbindet alle benachbarten Punkte durch Strecken.

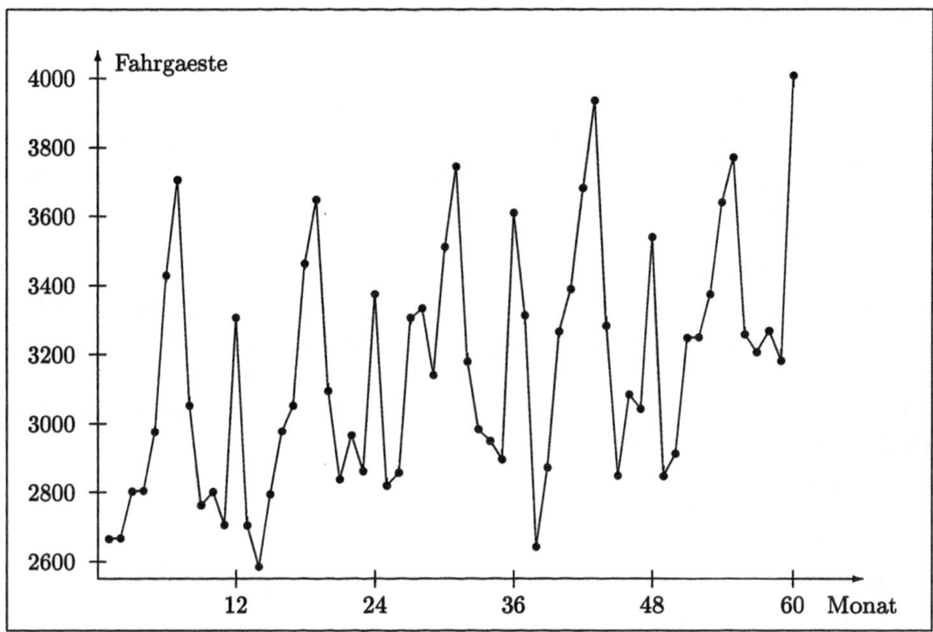

Fig. 7.1 Anzahl der monatlichen Fahrgäste im Zeitraum Januar 1976 bis Dezember 1980

Anhand der Graphik erkennt man in dieser Zeitreihe Periodizitäten, die durch die Urlaubszeiten im Sommer und Winter erklärbar sind. Außerdem zeigt sich ein gewisser zeitlicher Trend zu höherem Fahrgastaufkommen.

7.1 Zerlegung von Zeitreihen

Zur Erfassung von Trend- und Periodizitätskomponenten, wie sie im Beispiel 7.1. beschrieben wurden, kann man ein *additives Zeitreihenmodell* verwenden. Dazu wird von den in zeitlicher Abhängigkeit gemessenen Werten y_t, $t = 1 \ldots, n$, angenommen, daß sie sich additiv aus drei ebenfalls zeitlich abhängigen Größen zusammensetzen, d. h.,

$$y_t = T_t + S_t + U_t, \qquad t = 1, \ldots, n.$$

Dabei wird die erste Komponente

$$T_t, \qquad t = 1, \ldots, n,$$

als die *Trendkomponente* oder der *Trend* der Zeitreihe und die zweite Komponente

$$S_t, \quad t = 1, \ldots, n,$$

die im obigen Beispiel den Jahresrythmus beschreibt, als die *Saisonkomponente* der Zeitreihe bezeichnet. Über sie wird angenommen, dass sie sich periodisch wiederholt, also

$$S_t = S_{t+p}$$

gilt, wobei p die *Periodenlänge* angibt. Beispielsweise kann für die monatlichen Fahrgastzahlen von einer Periodenlänge $p = 12$ (Jahresrythmus) ausgegangen werden. Um die Trendkomponente T_t von der Saisonkomponente S_t trennen zu können, setzt man weiter voraus, dass sich die Werte von S_t über eine Periodenlänge zu null addieren, d. h.,

$$\sum_{t=1}^{p} S_t = 0.$$

Die dritte Komponente

$$U_t, \quad t = 1, \ldots, n,$$

heißt die *irreguläre Komponente* der Zeitreihe. Sie beschreibt die Einwirkung von Einflüssen, die weder durch den Trend, noch durch die Saisonkomponente erklärt werden können. Dazu gehören insbesondere Zufallseinflüsse. Insgesamt wird von den Werten $U_t, t = 1, \ldots, n$, angenommen, daß sie regellos um den Wert 0 schwanken.

Zur näherungsweisen Ermittlung der Trendkomponente kann man beispielsweise die Methode der linearen oder nichtlinearen Regression auf die zweidimensionale Messreihe

$$(1, y_1), \ldots, (n, y_n)$$

anwenden.

Beispiel 7.2. (Fahrgastaufkommen - Trendkomponente nach linearer Regression)
Die graphische Darstellung der Fahrgastzeitreihe im Beispiel 7.1. lässt auf einen linearen Trend schließen. Aus den angegebenen Daten errechnet man nach den bekannten Formeln die Regressionskoeffizienten

$$\hat{a} = 8.62 \quad \text{und} \quad \hat{b} = 2891.62.$$

Die Trendkomponente der Zeitreihe

$$y_t = T_t + S_t + U_t, \quad t = 1, \ldots, 60,$$

ist also näherungsweise gegeben durch

$$T_t \approx \widehat{T}_t = 8.62 \cdot t + 2891.62 \,, \qquad t = 1 \,, \dots \,, 60 \,.$$

Die mittlere monatliche Steigerung der Anzahl der Fahrgäste von Januar 1976 bis Dezember 1980 beträgt somit 8.62 Millionen. Ein entsprechender Durchschnittswert für die Steigerung des Fahrgastaufkommens während der ganzen 5–Jahresperiode ist $60 \cdot 8.62 = 517.20$ Millionen. Bezogen auf den Trendwert für Januar 1976 von 2667 Millionen entspricht dies einer prozentualen Steigerungsrate von 19.4%. Interessiert man sich für die durchschnittliche jährliche Steigerungsrate, so erhält man mit dem geometrischen Mittel

$$\sqrt[5]{1.194} = 1.036 \,,$$

also eine prozentuale Steigerung von 3.6%.

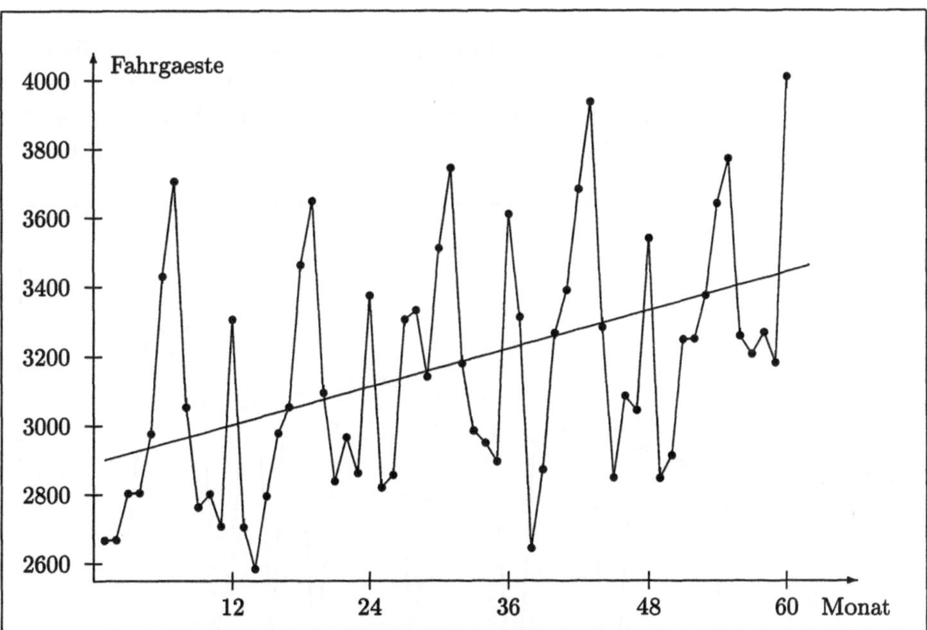

Fig. 7.2 Monatliches Fahrgastaufkommen - Trendkomponente nach linearer Regression

Beispiel 7.3. (Stammlieferung - Trendkomponente nach linearer Regression) Ermittelt wurde die tägliche Stammlieferung y_t (in MWh) eines Energieversorgungsunternehmens in einer deutschen Großstadt für die Tage $t = 1$ (Montag, 5. Oktober 1987) bis $t = 56$ (Sonntag, 29. November 1987).

t	y_t	t	y_t	t	y_t	t	y_t
1	41.23	15	42.44	29	44.82	43	46.93
2	42.14	16	43.19	30	46.83	44	46.72
3	41.51	17	43.63	31	46.93	45	32.11
4	42.47	18	43.51	32	47.21	46	46.22
5	41.35	19	43.38	33	47.05	47	46.05
6	30.48	20	32.12	34	36.39	48	36.09
7	26.79	21	28.30	35	32.07	49	32.31
8	42.73	22	44.49	36	47.04	50	47.44
9	44.30	23	44.78	37	47.59	51	50.62
10	43.95	24	44.52	38	47.42	52	49.18
11	43.87	25	44.17	39	48.04	53	50.55
12	41.21	26	43.98	40	46.91	54	49.80
13	32.06	27	32.61	41	36.59	55	39.61
14	28.23	28	29.73	42	32.43	56	35.33

Die nachstehende graphische Darstellung dieser Zeitreihe zeigt Periodizitäten im Wochenrythmus, sowie einen leichten Aufwärtstrend, der sich durch einen leichten Temperaturanstieg erklären lässt. Auffallend ist eine Unregelmäßigkeit am 18. November ($t = 45$), bedingt durch einen Feiertag (Buß- und Bettag).

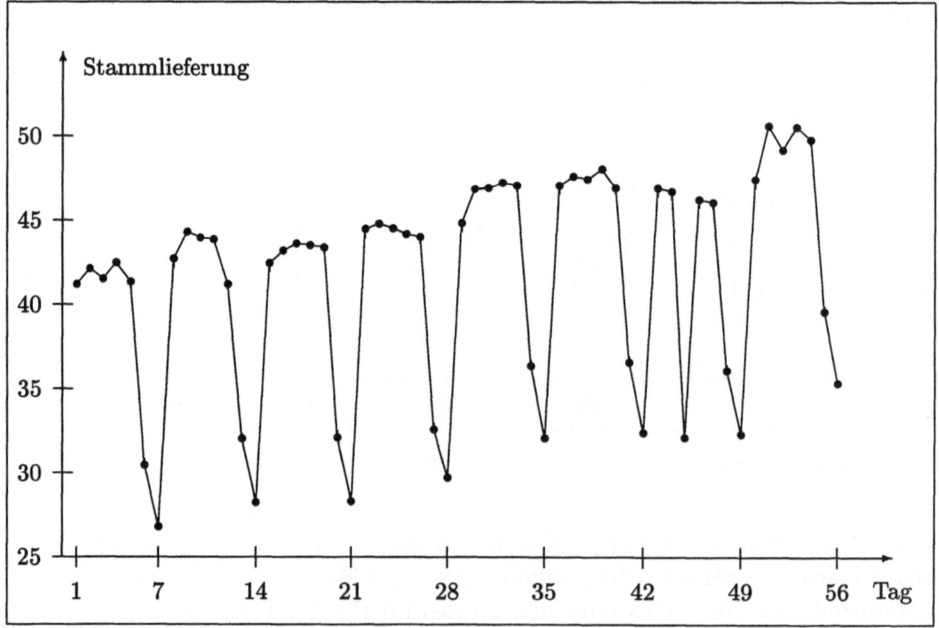

Fig. 7.3 Stammlieferung im Herbst 1987

Zur Ermittlung eines linearen Trends nach der Methode der kleinsten Quadrate empfiehlt es sich hier, die den Feiertag enthaltende Woche vom 16. November bis zum 22. November nicht zu berücksichtigen, also nur die Werte $y_1, \ldots, y_{42}, y_{50}, \ldots, y_{56}$ zu verwenden. Hieraus ergibt sich

$$\widehat{a} = 0.13 \quad \text{und} \quad \widehat{b} = 38.21\,,$$

also eine lineare Trendkomponente

$$T_t \approx \widehat{T}_t = 0.13 \cdot t + 38.21\,,$$

wie sie in der folgenden Abbildung dargestellt ist.

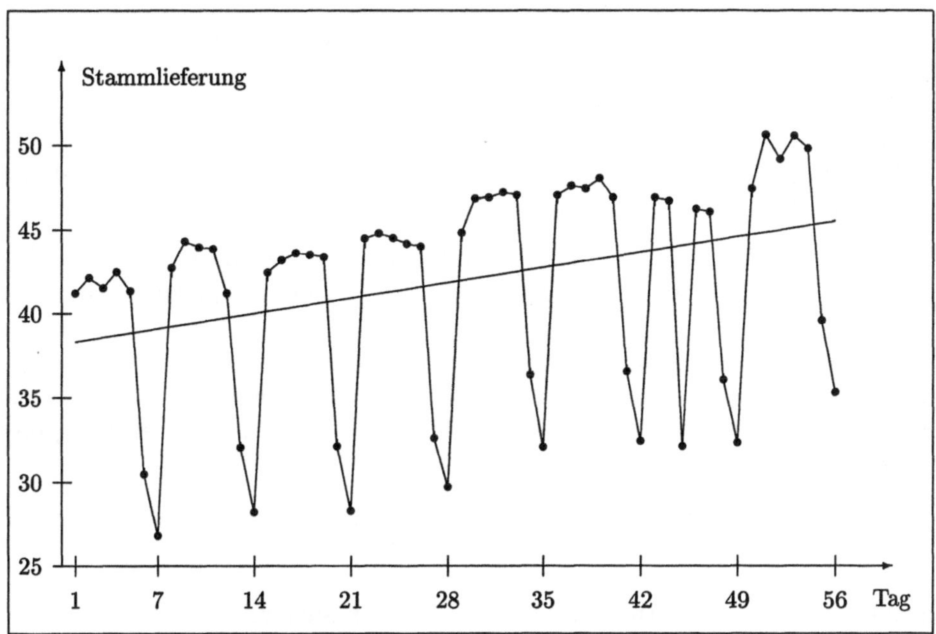

Fig. 7.4 Stammlieferung - Trendkomponente nach linearer Regression

7.2 Gleitende Durchschnitte

Eine andere Möglichkeit, den Trend einer Zeitreihe zu ermitteln, bietet die Methode der gleitenden Durchschnitte. Dabei wird der Wert der Zeitreihe y_t zum Zeitpunkt t ersetzt durch das arithmetische Mittel

$$y_t^* = \frac{1}{2k+1} \sum_{i=t-k}^{t+k} y_i$$

aus den k vorangehenden, den k nachfolgenden Werten und aus y_t selbst.
Diese arithmetischen Mittel können natürlich nur für $t = k + 1$ bis $t = n - k$
berechnet werden. Für die anderen Werte von t ist das arithmetische Mittel
nicht erklärt. Die so gebildete neue Zeitreihe

$$y_t^*, \qquad t = k + 1, \ldots, n - k,$$

heißt *gleitender Durchschnitt* der Ordnung $2k + 1$. Man erkennt, dass die
Ordnung hier eine ungerade Zahl ist. Will man den gleitenden Durchschnitt
für eine geradzahlige Ordnung $2k$ bilden, so errechnet man ein gewichtetes
Mittel gemäß der Formel

$$y_t^* = \frac{1}{2k} \cdot \left(\frac{1}{2} \cdot y_{t-k} + \sum_{i=t-k+1}^{t+k-1} y_i + \frac{1}{2} \cdot y_{t+k} \right).$$

Auch hier werden also die k vorangehenden, die k nachfolgenden Werte und
y_t selbst verwendet. Der erste Wert y_{t-k} und der letzte Wert y_{t+k} gehen dabei
aber nur mit halbem Gewicht ein.

Wichtige Anwendungen sind gleitende 12-Monats-Durchschnitte (Ordnung 12,
also $k = 6$) und gleitende 7-Tage-Durchschnitte (Ordnung 7, also $k = 3$).

Beispiel 7.4. (Fahrgastaufkommen - Gleitender Durchschnitt)
Für die eingangs behandelten monatlichen Fahrgastanzahlen wählt man einen
gleitenden Durchschnitt der Ordnung 12 und verwendet zur Berechnung das
gewichtete Mittel

$$y_t^* = \frac{1}{12} \cdot \left(\frac{1}{2} \cdot y_{t-6} + \sum_{i=t-5}^{t+5} y_i + \frac{1}{2} \cdot y_{t+6} \right).$$

Die so für $t = 7, \ldots, 54$ ermittelten Werte ergeben sich zu

t	y_t^*	t	y_t^*	t	y_t^*	t	y_t^*
7	2975.7	19	3035.5	31	3215.0	43	3223.0
8	2973.9	20	3051.5	32	3226.6	44	3214.8
9	2970.2	21	3084.1	33	3199.7	45	3241.7
10	2977.0	22	3120.1	34	3178.8	46	3256.6
11	2987.4	23	3138.6	35	3186.5	47	3255.3
12	2992.0	24	3144.3	36	3204.0	48	3252.8
13	2991.0	25	3150.3	37	3219.1	49	3244.2
14	2990.5	26	3157.8	38	3231.5	50	3236.2
15	2995.3	27	3167.3	39	3230.3	51	3250.0
16	3005.3	28	3172.7	40	3230.3	52	3272.6
17	3018.6	29	3173.4	41	3242.0	53	3286.0
18	3027.9	30	3184.6	42	3245.3	54	3311.2

und liefern den nachstehend dargestellten Trend für den Zeitraum Juli 1976
bis Juni 1980.

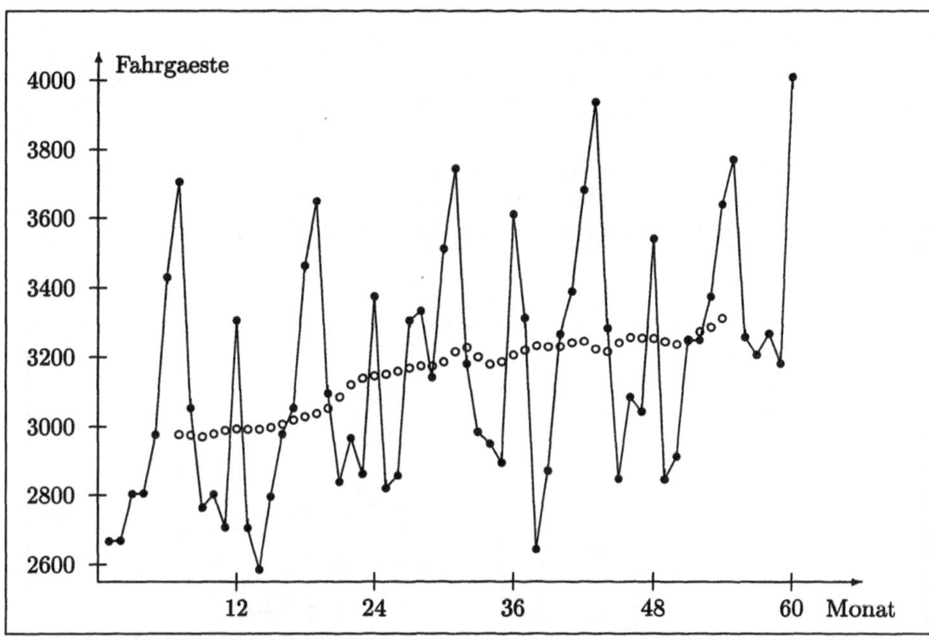

Fig. 7.5 Monatliches Fahrgastaufkommen - Trendkomponente nach gleitendem Durchschnitt

Beispiel 7.5. (Stammlieferung - Gleitender Durchschnitt)

Für die Stammlieferungszeitreihe aus Beispiel 7.3. ist es sinnvoll einen Wochen-
durchschnitt zu bestimmten. Hier ist also $k = 3$, und die Trendkomponente
wird gemäß der Formel

$$y_t^* = \frac{1}{7} \cdot \sum_{i=t-3}^{t+3} y_i$$

für $t = 4$ bis $t = 53$ errechnet.

Zu beachten ist hier, dass der so ermittelte gleitende Durchschnitt der Ordnung 7 für den Zeitraum vom 15. November ($t = 42$) bis zum 21. November
($t = 48$) nur bedingt aussagekräftig ist, da bei der Berechnung der entsprechenden Werte $y_{42}^*, \ldots, y_{48}^*$ die niedrige Feiertagslieferung vom 18. November
($t = 45$) eingeht.

t	y_t^*	t	y_t^*	t	y_t^*	t	y_t^*	t	y_t^*
4	38.00	14	39.32	24	40.41	34	43.47	44	41.01
5	38.21	15	39.27	25	40.61	35	43.54	45	40.94
6	38.52	16	39.58	26	40.66	36	43.66	46	40.92
7	38.87	17	39.59	27	40.95	37	43.64	47	40.99
8	39.07	18	39.60	28	41.30	38	43.67	48	41.55
9	39.05	19	39.89	29	41.73	39	43.72	49	43.99
10	39.27	20	40.00	30	42.17	40	43.70	50	44.61
11	39.48	21	40.16	31	42.71	41	43.58	51	45.14
12	39.44	22	40.25	32	43.04	42	41.39	52	45.64
13	39.36	23	40.34	33	43.36	43	41.13	53	46.08

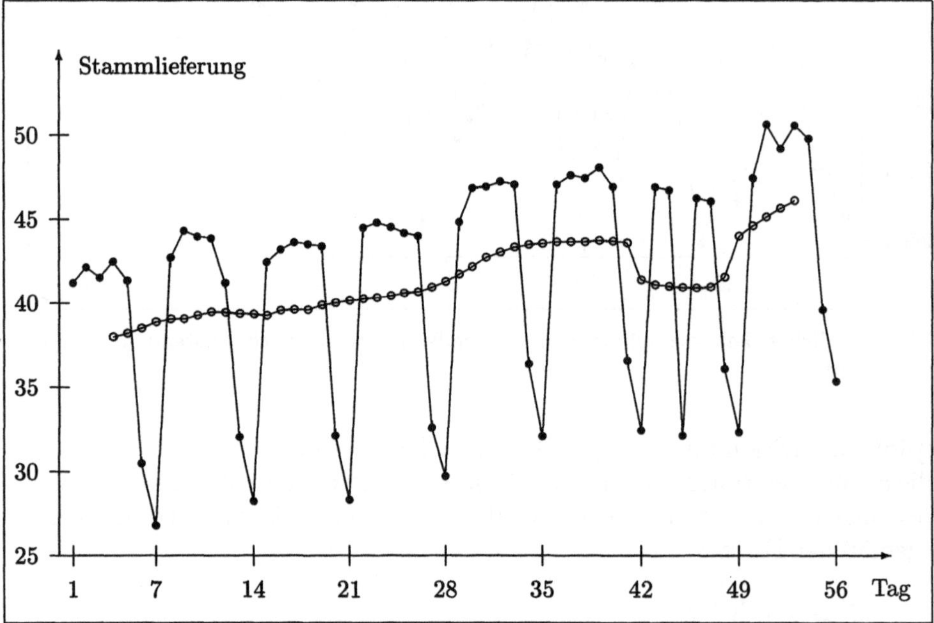

Fig. 7.6 Stammlieferung - Trendkomponente nach gleitendem Durchschnitt

7.3   Saisonbereinigung

Geht man von der additiven Form einer Zeitreihe

$$y_t = T_t + S_t + U_t, \qquad t = 1, \ldots, n,$$

aus, so kann der Trend, wie in den vorangegangenen Abschnitten erläutert, mit Hilfe einer Regression, also in der Form

$$T_t \approx \widehat{T}_t = \widehat{a} \cdot t + \widehat{b}, \qquad t = 1, \ldots, n,$$

im Falle einer linearen Regression, oder durch Berechnung des gleitenden Durchschnitts (der Ordnung $2k$ bzw. $2k+1$) als

$$T_t \approx \widehat{T}_t = y_t^*, \qquad t = k+1, \ldots, n-k,$$

dargestellt werden. Durch Subtraktion dieser Komponente erhält man nun die sogenannte *trendbereinigte Zeitreihe*

$$z_t = y_t - \widehat{T}_t, \qquad t = 1, \ldots, n,$$

(bzw. $t = k+1, \ldots, n-k$), für die zumindest näherungsweise

$$z_t \approx S_t + U_t$$

gilt.

Beispiel 7.6. (Fahrgastaufkommen - Trendbereinigung)
Verwendet man den im Beispiel 7.2. ermittelten linearen Trend, so ist die trendbereinigte Zeitreihe der monatlichen Anzahl von Eisenbahnfahrgästen gemäß

$$z_t = y_t - \widehat{T}_t = y_t - 8.62 \cdot t - 2891.62, \quad t = 1, \ldots, 60,$$

zu berechnen. Man erhält

Trendbereinigung mit linearem Trend

t	z_t	t	z_t	t	z_t	t	z_t	t	z_t
1	-233.24	13	-297.68	25	-287.12	37	102.44	49	-466.00
2	-240.86	14	-426.30	26	-258.74	38	-575.18	50	-409.62
3	-113.48	15	-224.92	27	181.64	39	-355.80	51	-83.24
4	-120.10	16	-51.54	28	200.02	40	30.58	52	-89.86
5	41.28	17	14.84	29	-0.60	41	145.96	53	26.52
6	486.66	18	416.22	30	361.78	42	428.34	54	282.90
7	753.04	19	593.6	31	585.16	43	674.72	55	405.28
8	92.42	20	30.98	32	11.54	44	13.10	56	-115.34
9	-205.20	21	-233.64	33	-192.08	45	-430.52	57	176.96
10	-175.82	22	-115.26	34	-234.70	46	-203.14	58	-122.58
11	-279.44	23	-226.88	35	-297.32	47	-253.76	59	-219.20
12	311.94	24	276.50	36	409.06	48	235.62	60	599.18

Alternativ kann der im Beispiel 7.4. ermittelte gleitende Durchschnitt der Ordnung 12 benützt werden. Die nachstehende Graphik zeigt, dass in diesem Fall die beiden Methoden kaum unterschiedliche Ergebnisse liefern.

Trendbereinigung mit gleitendem Durchschnitt							
t	z_t	t	z_t	t	z_t	t	z_t
7	729.29	19	613.5	31	529.04	43	714.04
8	79.08	20	43.46	32	-47.63	44	69.21
9	-206.17	21	-245.08	33	-215.67	45	-392.67
10	-175.00	22	-154.13	34	-228.83	46	-171.63
11	-280.38	23	-275.85	35	-290.50	47	-212.25
12	315.04	24	230.71	36	407.00	48	288.17
13	-285.00	25	-330.29	37	93.88	49	-396.17
14	-404.42	26	-300.75	38	-587.54	50	-323.21
15	-199.29	27	138.71	39	-358.29	51	-2.04
16	-27.25	28	160.33	40	36.71	52	-22.85
17	34.42	29	-32.38	41	140.96	53	89.00
18	435.08	30	327.42	42	436.75	54	328.79

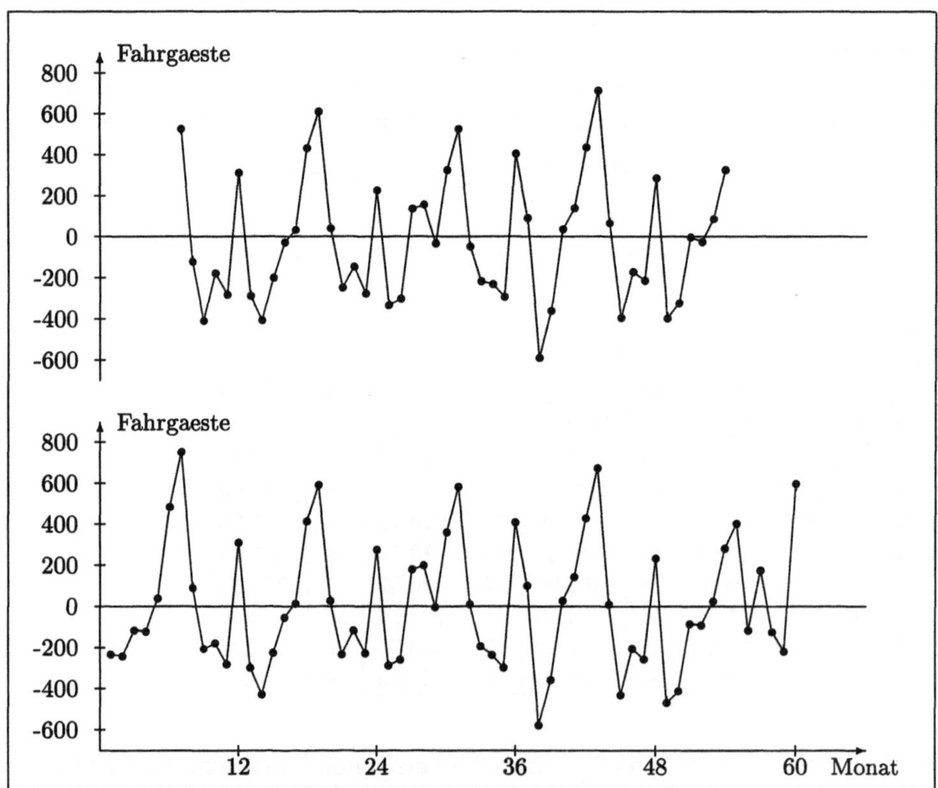

Fig. 7.7 Monatliches Fahrgastaufkommen - Trendbereinigte Zeitreihe nach gleitendem Durchschnitt (oben) und linearer Regression (unten)

Will man nun die Saisonkomponente bestimmen, die eine in der Zeitreihe enthaltene Periodizität beschreibt, so muß man sich zunächst die Periodenlänge p verschaffen. Oft liegt wie in den obigen Beispielen eine Periodenlänge $p = 7$ (Wochenrhythmus) oder $p = 12$ (Jahresrhythmus) vor. Man wird dann die z–Werte, gleicher Wochentage bzw. gleicher Monate

$$z_t\,,\ z_{t+p}\,,\ z_{t+2p}\,,\ \dots\,,\ z_{t+mp}$$

mitteln. Dabei gilt $t = 1,\dots,p$, und $m - 1$ ist die Anzahl der Werte, die für den t–ten Wochentag bzw. den t–ten Monat vorliegen. So erhält man eine Zeitreihe der Länge p,

$$\widetilde{S}_t = \frac{1}{m+1} \cdot \sum_{i=0}^{m} z_{t+ip}\,, \qquad t = 1,\dots,p,$$

die im wesentlichen bereits die *Saisonfigur*

$$S_1\,,\ \dots\,,\ S_p$$

der Ausgangszeitreihe beschreibt. Beachtet man nämlich die in Abschnitt 7.1 angenommenen Periodizität der Saisonkomponente und, daß sich die zufällig schwankenden Werte der irregulären Komponente U_t näherungsweise zu null addieren, so ergibt sich

$$
\begin{aligned}
\widetilde{S}_t &= \frac{1}{m+1} \sum_{i=0}^{m} z_{t+ip} \\
&\approx \frac{1}{m+1} \sum_{i=0}^{m} (S_{t+ip} + U_{t+ip}) \\
&\approx \frac{1}{m+1} \sum_{i=0}^{m} S_{t+ip} \\
&= S_t
\end{aligned}
$$

für $t = 1,\dots,p$. Allerdings werden sich die Werte von $\widetilde{S}_t$ über eine Periodenlänge im allgemeinen nicht zu null addieren, wie es für die Saisonkomponente der Fall ist. Diese Normierung erreicht man durch den Übergang zu der Zeitreihe

$$\widehat{S}_t = \widetilde{S}_t - \frac{1}{p} \sum_{i=1}^{p} \widetilde{S}_i\,, \qquad t = 1,\dots,p,$$

die als *geschätzte Saisonfigur* bezeichnet wird.

Beispiel 7.7. (Fahrgastaufkommen - Saisonfigur)
Auf der Basis der im Beispiel 7.6. durch lineare Regression durchgeführten Trendbereinigung berechnet man zunächst die Werte von $\widetilde{S}_t$ gemäß der Formel

$$\widetilde{S}_t = \frac{1}{5} \cdot (z_t + z_{t+12} + z_{t+24} + z_{t+36} + z_{t+48})$$

für $t = 1, \ldots, 12$. Man erhält

t	$\tilde{S}_t$	t	$\tilde{S}_t$
1	-236.32	7	602.36
2	-382.14	8	6.54
3	-119.16	9	-247.68
4	-6.18	10	-170.30
5	45.60	11	-255.32
6	395.18	12	366.46

Nun bestimmt man die geschätzte Saisonfigur gemäß

$$\widehat{S}_t = \tilde{S}_t - \frac{1}{12} \cdot \sum_{i=1}^{12} \tilde{S}_i = \tilde{S}_t + 0.08, \quad t = 1, \ldots, 12.$$

t	$\widehat{S}_t$	t	$\widehat{S}_t$	t	$\widehat{S}_t$	t	$\widehat{S}_t$
1	-236.24	4	-6.10	7	602.44	10	-170.22
2	-382.06	5	45.68	8	6.62	11	-255.24
3	-119.08	6	395.26	9	-247.60	12	366.54

Die zugehörige Graphik zeigt deutlich den regelmäßig erhöhten Reiseverkehr in den Sommerurlaubsmonaten und in der Weihnachtszeit.

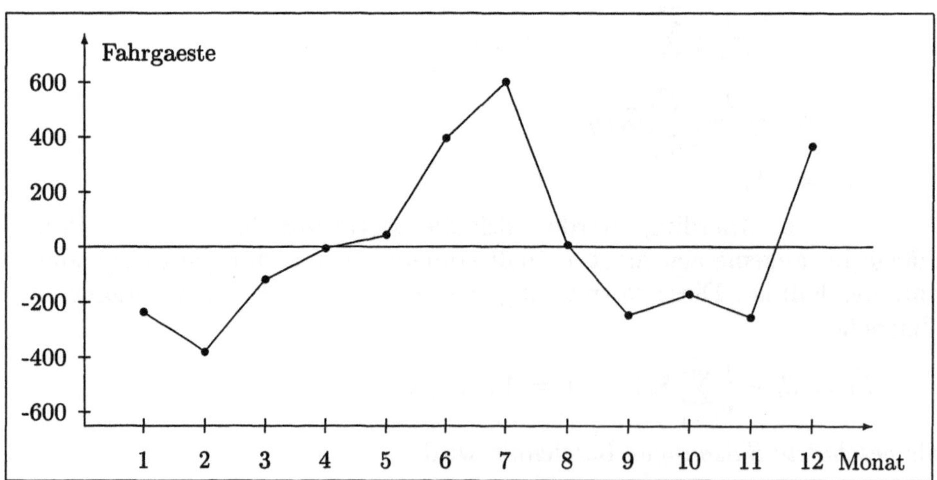

Fig. 7.8 Monatliches Fahrgastaufkommen - Geschätzte Saisonfigur

Beispiel 7.8. (Stammlieferung - Trendbereinigung, geschätzte Saisonfigur)
Unter Verwendung der im Beispiel 7.3. ermittelten linearen Trendkomponente
berechnet sich die trendbereinigte Zeitreihe der Stammlieferungen gemäß

$$z_t = y_t - 0.13 \cdot t - 38.21, \qquad t = 1, \ldots, 56.$$

Man erhält die Werte

t	z_t	t	z_t	t	z_t	t	z_t
1	2.89	15	2.28	29	2.84	43	3.13
2	3.67	16	3.50	30	4.72	44	2.79
3	2.91	17	3.21	31	4.69	45	-11.95
4	3.74	18	2.96	32	4.84	46	2.03
5	2.49	19	2.70	33	4.55	47	1.73
6	-8.51	20	-8.69	34	-6.24	48	-8.36
7	-12.33	21	-12.64	35	-10.69	49	-12.27
8	3.48	22	3.42	36	4.15	50	2.78
9	4.92	23	3.58	37	4.57	51	5.78
10	4.44	24	3.19	38	4.27	52	4.21
11	4.23	25	2.71	39	4.76	53	5.45
12	1.44	26	2.39	40	3.50	54	4.57
13	-7.84	27	-9.11	41	-6.95	55	-5.75
14	-11.80	28	-12.12	42	-11.24	56	-10.16

und die nachstehende Darstellung dieser Zeitreihe.

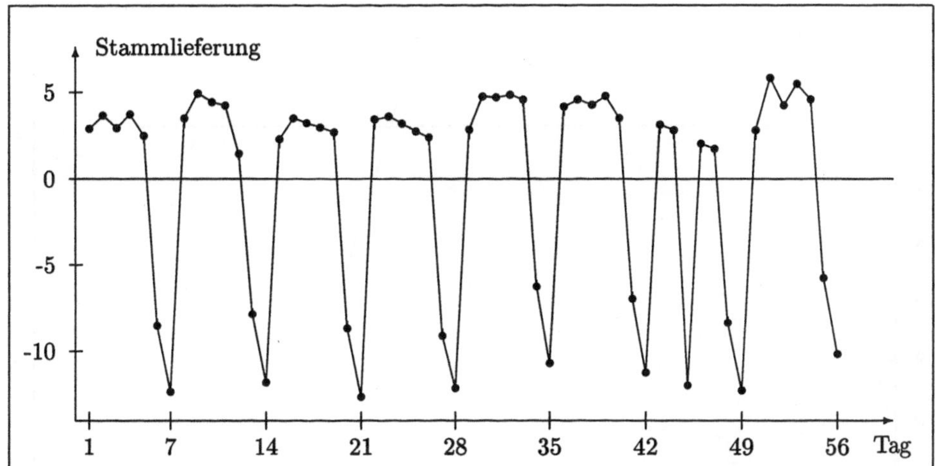

Fig. 7.9 Stammlieferung - Trendbereinigte Zeitreihe nach linearer Regression

Zur Bestimmung der Saisonfigur wird wie im Beispiel 7.3. die den Feiertag enthaltende Woche vom 16. November bis zum 22. November nicht berücksichtigt. Entsprechend ermittelt man die Werte von $\widetilde{S}_t$ gemäß der Formel

$$\widetilde{S}_t = \frac{1}{7} \cdot \left(z_t + z_{t+7} + z_{t+14} + z_{t+21} + z_{t+28} + z_{t+35} + z_{t+49} \right)$$

für $t = 1, \ldots, 7$. Man erhält

t	1	2	3	4	5	6	7
$\widetilde{S}_t$	3.11	4.39	3.84	4.10	3.09	-7.58	-11.57

und berechnet nun die geschätzte Saisonfigur gemäß

$$\widehat{S}_t = \widetilde{S}_t - \frac{1}{7} \sum_{i=1}^{7} \widetilde{S}_i = \widetilde{S}_t + 0.09, \qquad t = 1, \ldots, 7.$$

t	1	2	3	4	5	6	7
$\widehat{S}_t$	3.20	4.48	3.93	4.19	3.18	-7.49	-11.48

Die resultierende Saisonfigur zeigt neben dem zu erwartenden Lieferungsabfall an Wochenenden einen annähernd konstanten Verlauf über die Arbeitstage Montag bis Freitag.

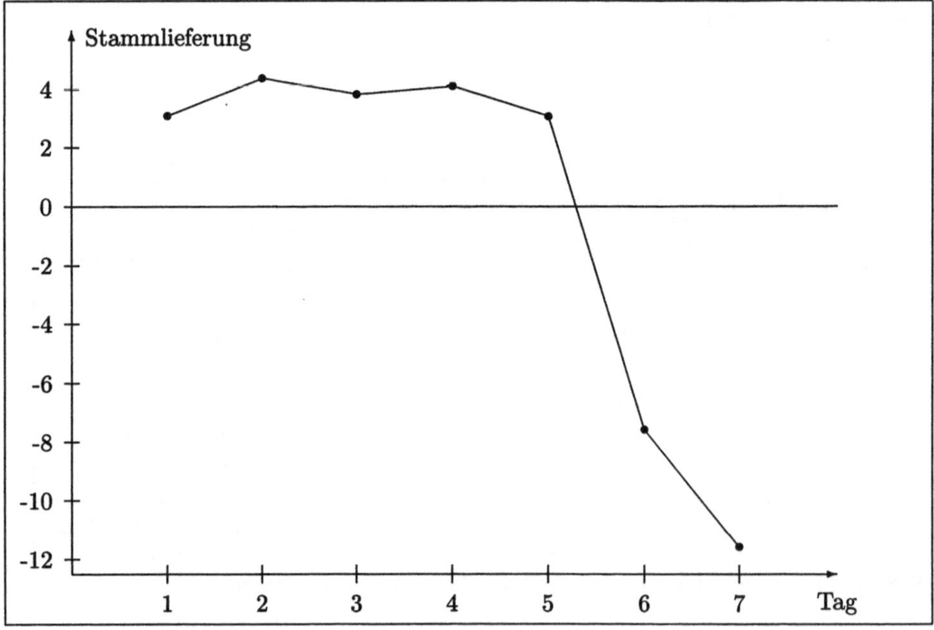

Fig. 7.10 Stammlieferung - Geschätzte Saisonfigur

Literaturverzeichnis

[1] Bamberg, G.; Baur, F.: Statistik. 7. Aufl. R. Oldenbourg Verlag 1991

[2] Bleymüller, J.; Gehlert, G.: Konzentrationsmessung. WiSt **Heft 9** (1989) 378–384

[3] Bruckmann, G.: Konzentrationsmessung. In: G. G. u. H. G. J. Bleymüller (Hrsg.), *Statistik für Wirtschaftswissenschaftler, 5. Auflage.* 1988 S. 189–194

[4] Hartung, J.; Elpelt, B.; Klösener, K.-H.: Statistik: Lehr- und Handbuch der angewandten Statistik. 7. Aufl. R. Oldenbourg Verlag 1989

[5] Lorenz, M. O.: Methods of Measuring the Concentration of Wealth. Quarterly Publications of the American Statistical Association **9** (1905) 70 209–219

[6] Pfanzagl, J.: Allgemeine Methodenlehre der Statistik I. 5. Aufl. Walter de Gruyter 1972

[7] Rinne, H.: Taschenbuch der Statistik. Thun und Frankfurt am Main: Verlag Harri Deutsch, 1995 S. 147–156

[8] Der Spiegel: Nr. **47** (1993) S. 133.

[9] Wehrt, K.: Beschreibende Statistik. Frankfurt/New York: Campus Verlag, 1984 S. 118–139

Sachverzeichnis

Abschneideverfahren, 24
Ausreißer, 33

Beckersche Darstellung, 10
Beziehungszahlen, 65
Bindungen, 98
Boxplot, 47

Dichte, 20
    linksschiefe, 33
    rechtsschiefe, 32
    symmetrische, 32
    unimodale, 32
Disparitätsmaß, 63
Durchschnittsbestand, 10

Exponentialindex, 64

Gesamtaufkommen, 51
Gini-Koeffizient, 59
    normierter, 60
Gliederungszahlen, 65
Grundgesamtheit, 8

Häufigkeit
    absolute, 11
    kumulierte relative, 51
    relative, 11
Häufigkeitstabelle, 11
Häufigkeitsverteilung, 11
Herfindahl-Index, 64
Histogramm, 12

Index, 71
    Basisperiode, 76

Preisindex nach Laspeyres, 73
Preisindex nach Paasche, 73
    Umbasieren, 77
    Verketten, 78
    Verknüpfen, 79

Klassen, 12
    Klassenbreite, 13
    Klasseneinteilung, 15
    offene Randklasse, 17
Klumpenauswahl, 25
Konzentration
    absolute, 63
    relative, 63
Konzentrationskurve, 63
Konzentrationsrate, 63
Korrelation
    positive, negative, 86
    unkorreliert, 86
Korrelationskoeffizient
    Pearsonscher, 83
Kreissektorendiagramm, 22

Lorenzkurve, 52
    für klassierte Daten, 55

Masse
    Bestands-, 9
    Bewegungs-, 9
    statistische, 9
Maximaler Nivellierungssatz, 63
Median, 27
    Medianintervall, 29
Merkmal, 8
    Ausprägungen, 8

qualitatives, 8
quantitativ-diskretes, 9
quantitativ-stetiges, 9
Rang-, 8
Merkmale
Träger, 8
Messreihe, 10
ausreißerbereinigt, 48
Geordnete, 27
Messzahlen, 66
Mittel
arithmetisches, 27
Ausreißerempfindlichkeit, 33
für klassierte Daten, 35
geometrisches, 37
Mittlere quadratische Abweichung, 41
Modalwert, 30

Normalverteilung, 21

Punktediagramm, 84

Quantil, 45
p-Quantil, 45
Quartil
Quartilabstand, 47
unteres, oberes, 47
Quotenauswahl, 24

Rang, 94
mittlerer, 98
Rangkorrelationskoeffizient, 94
Kendallsches τ, 96
Spearmanscher, 95
Regression
Bestimmtheitskoeffizient, 105
lineare, 99
Methode der kleinsten Quadrate, 102
nichtlineare, 107
Regressionsgerade, 101
Residuen, 101
normierte, 103
Residuenplot, 103
Rosenbluth-Index, 63

Saisonfigur, *siehe* Zeitreihe
Schichtenauswahl, 25
Skalentransformation, 33
Spannweite, 47
Stabdiagramm, 11
Standardabweichung, 40
Standardstruktur, 68
Statistische Erhebung, 7
Primärerhebung, 24
Sekundärerhebung, 24
Teilerhebung, 8
Totalerhebung, 8
Stichprobe, 10
Stichprobenvarianz, 40

Trend, *siehe* Zeitreihe

Urliste, 10

Variationskoeffizient, 42
Verhältniszahlen, 65
Mittelung, 66
Standardisierung, 68
Verteilung, 20
Verweildauer, 10
Verweillinie, 10

Zeitreihe, 118
additives Modell, 119
geschätzte Saisonfigur, 129
gleitender Durchschnitt, 124
irreguläre Komponente, 120
Periodenlänge, 120
Saisonfigur, 129
Saisonkomponente, 120
trendbereinigte, 127
Trendkomponente, 120
Zufallsauswahl, 24